FAUNE ANALYTIQUE ILLUSTRÉE

ORTHOPTÈRES

DE FRANCE

comprenant la description de 273 espèces ou variétés
et 248 figures au trait

par

Lucien CHOPARD

Docteur ès Sciences

Membre de la Société entomologique de France

PARIS

LES ÉDITIONS PAUL LECHEVALIER, ÉDITEUR
12, Rue de Tournon

1922

FAUNE ANALYTIQUE ILLUSTRÉE

DES

ORTHOPTÈRES

DE FRANCE

Contenant la description de 175 espèces ou variétés

et 218 figures au trait

PAR

Constant HOULBERT

DOCTEUR ÈS-SCIENCES

Membre de la Société entomologique de France

(Extrait de la *Feuille des Jeunes Naturalistes*, Année 1900)

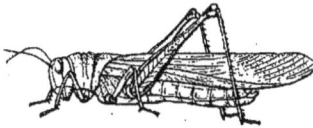

PARIS

MM. LES FILS D'ÉMILE DEYROLLE, NATURALISTES

46, Rue du Bac

—

1900

FAUNE ANALYTIQUE ILLUSTRÉE
DES ORTHOPTÈRES DE FRANCE

PRÉFACE

Il y a évidemment quelque témérité à entreprendre une Faune des Orthoptères de France après M. Finot; cependant, je présente cet ouvrage avec confiance aux entomologistes, convaincu qu'il répondra au désir d'un grand nombre d'entre eux, et qu'il rendra quelques services aux débutants.

Ce travail possède la même origine que notre GENERA ILLUSTRÉ DES COLÉOPTÈRES (1), il répond aux mêmes besoins : ce sont des tableaux analytiques très simples, établis tout d'abord pour mon usage personnel et que je complète aujourd'hui à l'aide de quelques généralités.

J'ai hésité longtemps avant de livrer ces tableaux à la publicité; je me suis rendu aux sollicitations pressantes de mes amis et de mes nombreux correspondants, qui ont jugé le *Genera* avec trop de bienveillance; toutefois, je me fais un devoir de déclarer ici, qu'il m'aurait été difficile de mener ce travail à bonne fin, si je n'avais trouvé, près de M. Finot lui-même, l'accueil le plus encourageant. A plusieurs reprises, j'ai eu la bonne fortune de visiter à loisir ses admirables collections, et il a bien voulu mettre à ma disposition — en communication obligeante — tous les types qui m'ont été nécessaires pour mes descriptions ou pour mes dessins.

« On a toujours une tendance à copier ses prédécesseurs, me disait un » jour M. Finot; évitez cet écueil et faites vos descriptions sans consulter » personne. » — Je n'ose pas me flatter d'avoir toujours suivi ce conseil; cependant, plus que tout autre, il m'a été facile de le mettre en pratique, grâce aux nombreux matériaux, mis d'une façon si bienveillante à ma disposition.

Ainsi donc, si ce modeste travail possède quelques mérites, la plus grande part en revient à M. Finot; en ce qui me concerne, ouvrier consciencieux, je n'ai fait que mettre en valeur les riches documents qu'il a bien voulu me confier.

Des voix plus autorisées que la mienne ont fait remarquer bien des fois que les Orthoptères étaient beaucoup trop négligés en France, où l'étude des Coléoptères tient une si large place. On a attribué ce fait à l'absence d'ouvrages très élémentaires; cette raison est peut-être réelle, car, en effet, à part quelques Catalogues locaux et la remarquable *Faune* de M. Finot,

(1) C. Houlbert. — *Genera analytique illustré des Coléoptères de France*, 1er fasc. Rouen 1895; 2e fasc.,. Paris, Deyrolle 1899.

il n'existe pas d'ouvrages sérieux sur la faune orthoptérique de notre pays.

Le plan de cet ouvrage est très simple, les quelques mots qui précèdent suffiront pour en faire comprendre le but et la portée; il est spécialement destiné aux débutants; j'ai multiplié les figures et abrégé à dessein les descriptions; je n'ai donné, pour chaque espèce, que les caractères les plus essentiels, ceux qui servent à la distinguer des autres espèces voisines.

L'étude des Orthoptères est aussi intéressante, sinon plus, que celle des Coléoptères; leurs formes sont extraordinaires et parfois des plus bizarres, par exemple chez les Phasmides et les Mantides; leurs couleurs, du moins chez les espèces exotiques, sont aussi riches et presque aussi variées que celles des Papillons. Bien que ces groupes remarquables soient très pauvrement représentés en France, notre faune orthoptérique est néanmoins assez variée : les Acridiens et les Locustides notamment se rencontrent partout en abondance.

La distribution géographique des Orthoptères est loin d'être connue d'une façon parfaite, même en France; ces insectes, étant en général très localisés, certaines espèces, considérées comme rares, ne le sont peut-être pas autant qu'on le suppose. Il est donc certain qu'il y a encore des découvertes très intéressantes à faire, surtout dans le Midi et dans les régions montagneuses. Nous serons suffisamment récompensé si cet ouvrage contribue, pour une part, si faible qu'elle soit, au développement des études orthoptériques.

Sens, le 25 janvier 1900.

C. HOULBERT.

TABLEAUX ANALYTIQUES ILLUSTRÉS DES ORTHOPTÈRES DE FRANCE

INTRODUCTION

Généralités sur les Orthoptères

Le baron Charles de Géer, savant entomologiste suédois, est le premier qui ait reconnu la nécessité d'établir une division spéciale pour certains Insectes à élytres membraneuses ou faiblement cornées, que Linné classait parmi ses Hémiptères et que Geoffroy ne considérait que comme une simple section des Coléoptères; il en fit le sous-ordre des **Dermaptères** (1), division qui correspond exactement à l'ordre des Orthoptères tel que nous l'entendons aujourd'hui.

Toutefois, le nom d'Orthoptères n'a été créé qu'une vingtaine d'années plus tard (1796), par Olivier, dans l'*Encyclopédie méthodique* pour rappeler que, dans la plus grande partie de ces Insectes, les ailes inférieures

---

(1) De Géer. — *Mémoires pour servir à l'histoire des Insectes*, 8 vol. in-4°, 1752-1778, Stockholm.

sont pliées longitudinalement en forme d'éventail (Fig. 1). Latreille, qui fut un des collaborateurs de l'*Encyclopédie*, ayant adopté ce nom dans ses ouvrages, le nom d'Orthoptères a définitivement prévalu.

Comme chez tous les Insectes, le corps des Orthoptères est divisé en trois parties bien distinctes : la *tête*, le *thorax* et l'*abdomen*.

La tête porte les antennes et les organes masticateurs; elle est, en général, courte et arrondie, mais parfois aussi elle s'allonge plus ou moins, et devient caractéristique d'une tribu entière d'Acridiens : les Truxalidés. Chez d'autres Acridiens, la partie supérieure du front porte, le plus souvent, des fossettes dites *fovéoles frontales* (Fig. 59) qui offrent une grande importance dans la classification des Sténobothridés.

Le thorax, ou, pour parler plus exactement, la partie antérieure du thorax (*prothorax*), est très variable dans sa forme; elle peut servir à différencier quelques groupes, tels que les Tétricidés et les Ephippigéridés; le dessus du prothorax est orné de carènes, souvent utilisées dans la détermination des espèces ; il en est de même des sillons transversaux qu'on observe sur le disque et sur les côtés.

Le dessous du thorax (*prosternum*) porte fréquemment des pointes ou des dents, ainsi qu'on l'observe chez quelques Locustidés (*Locusta, Gampsocleis, Conocephalus, Saga*) (Fig. 168).

Les appendices du thorax, pattes et ailes, ont une importance considérable chez les Orthoptères; il est nécessaire d'entrer dans quelques détails, à cause de plusieurs expressions dont il est impossible d'éviter l'emploi dans les tableaux dichotomiques.

Les ailes antérieures portent le nom d'*élytres ;* elles sont parcourues par des *nervures* dont la distribution est fixe et caractéristique pour certains genres et pour certaines tribus; les intervalles compris entre les nervures portent le nom de *champs;* la forme des champs et la disposition des nervures, fournissent des caractères d'une grande utilité pour la détermination des Sténobothridés (Fig. 2).

Les pattes sont formées de trois parties principales : la *cuisse* ou *fémur;* la *jambe* ou *tibia* et le *tarse* (Fig. 3).

Les trois paires de pattes sont identiques chez les Orthoptères marcheurs; mais, chez les Orthoptères sauteurs, les pattes antérieures et intermédiaires seules se ressemblent ; les pattes postérieures, au contraire, possèdent des cuisses très renflées, indiquant qu'elles sont disposées pour le saut (Fig. 4); les tarses (Fig. 3) comprennent un nombre variable d'articles; le dernier est presque toujours allongé et il porte, en général, deux griffes recourbées.

La forme des pattes, l'ornementation et la coloration de leurs différentes parties, sont très fréquemment utilisées dans la détermination des genres et des espèces.

L'abdomen des Orthoptères est aussi fort varié dans sa forme et dans ses dimensions; il est aplati chez les *Forficules* et les *Blattes;* grêle et allongé chez les *Mantes* et les *Phasmes;* plus ou moins arrondi et conique dans les autres groupes. De plus, chez les *Locustaires* et les *Grillons,* l'abdomen des femelles est terminé par un organe allongé, l'*oviscapte,* servant à déposer les œufs dans la terre ou sous les écorces (Fig. 4).

Les Orthoptères ne subissent pas de métamorphoses à proprement parler; quand les jeunes éclosent, leur forme est presque la même que celle des adultes, mais ils sont totalement privés d'ailes et d'élytres; les transformations qui se produisent dans la suite, se bornent à l'accroissement du corps et au renouvellement des téguments; puis ensuite, les ailes et les élytres grandissent, les organes sexuels se développent peu à peu, et, finalement, la larve devient de plus en plus semblable à l'insecte parfait; mais jamais, à aucun moment de leur existence, ces larves ne présentent la phase de pupe ou de nymphe immobile qu'on observe chez les Insectes à métamorphoses complètes.

On trouve les Orthoptères dans toutes les parties du monde; toutefois, leurs dimensions et leur nombre diminuent graduellement à mesure qu'on s'éloigne de l'équateur dans la direction des pôles.

Ouvrages à consulter.

Audinet-Serville. — *Histoire naturelle des Insectes Orthoptères*. Paris, Roret, 1839.

Bolivar. — *Sinopsis de los Ortopteros de España y Portugal*. Madrid, 1878.

Brünner de Wattenwyl. — *Prodromus der europäischen Orthopteren*. Leipzig, 1882.

A. Finot. — *Faune de la France. Insectes Orthoptères*. Paris, Deyrolle, 1889

Fischer. — *Orthoptera europæa*. Lipsiæ, 1854.

E. Shaw. — *Synopsis of the british Orthoptera* (*Ent. mag.* 1889-90).

A. Acloque. — *Faune de France. Orthoptères, Névroptères, etc.* Paris. J.-B. Baillière, 1897.

Azam et Finot. — *Catal. des Insectes Orthoptères observés jusqu'à ce jour dans le Var et les Alpes-Maritimes*. Draguignan, 1888.

J. Dominique. — *Catal. des Orthoptères de la Loire-Inférieure*. Nantes, 1893.

A. Finot. — *Les Orthoptères de la France*. Paris, Deyrolle, 1883.

— — *Nouveau catalogue des Orthoptères de la France* (*Rev. de la Soc. franç. d'entomol.* 1884).

E. Olivier. — *Faune de l'Allier. Orthoptères*. Moulins, 1891.

De Selys-Longchamps. — *Catal. raisonné des Orthoptères et des Neuroptères de Belgique*. Bruxelles, 1889.

C. Houlbert. — *Les Orthoptères des environs de Sens* (*Feuille des Jeunes Naturalistes*, 1900).

ABRÉVIATIONS

C = Commun. — CC = Très commun. — A. C. = Assez commun. — P. C. = Peu commun. — R. = Rare. — A. R. = Assez rare. — T. R., R. R. = Très rare. ♂ mâle — ♀ femelle.

NOMS DES PRINCIPAUX AUTEURS (1)

Bol. = Bolivar.
Bris. = Brisout de Barneville.
Brünn. = Brünner de Wattenwyl.
Burm. = Burmeister.
Charp. = Charpentier.
Fab. = Fabricius.
Fisch. = Fischer.
Germ. = Germar.
Lat. = Latreille.

L. = Linné.
Még. = Mégerle.
Panz. = Panzer.
Ramb. = Rambur.
Serv. = Audinet-Serville.
Scop. = Scopoli.
Thunb. = Thunberg.
Zetterst. = Zetterstedt.
Wesm. = Wesmaël.

(1) Tous les dessins qui accompagnent ces *Tableaux* ayant été faits d'après nature, sur des échantillons appartenant à la collection de M. Finot ou à celle de l'auteur, la propriété en est expressément réservée.

TABLEAU DES FAMILLES

I° Famille : FORFICULES (*Perce-Oreilles*)

Cette famille diffère de tous les autres groupes d'Orthoptères par un certain nombre de caractères essentiels. Les élytres, quand elles existent, sont toujours beaucoup plus courtes que l'abdomen, mais complètement cornées et à suture droite ; les ailes membraneuses (*ailes inférieures*), d'abord pliées en éventail dans le sens de la longueur, se replient ensuite transversalement de manière à pouvoir se loger entièrement sous les élytres; enfin l'abdomen est terminé par deux pointes cornées de forme et de longueur variables (Fig. 7). Les deux premiers de ces caractères se rencontrent aussi, comme on le sait, chez les Coléoptères ; quant au troisième, il est absolument spécial au groupe des Forficulides. La présence constante, même chez les larves, de cette pince cornée, a conduit les anciens naturalistes à considérer les Forficules comme un ordre à part; Léon Dufour leur avait imposé le nom de *Labidoures* (λαβις *tenaille;* ουρα *queue*), sous lequel on les désigne encore quelquefois aujourd'hui.

Les Forficules sont très communes dans les endroits frais et humides; on les rencontre dans toutes les parties du monde; toutefois, elles sont plus abondantes dans les régions chaudes et tempérées.

TABLEAU DES GENRES

(1) Ces appendices, plus ou moins développés, portent le nom de *cerques*.

Feuille des Jeunes Naturalistes

IIIe Série, 30e Année, pl. I

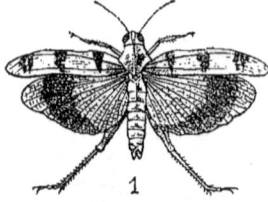

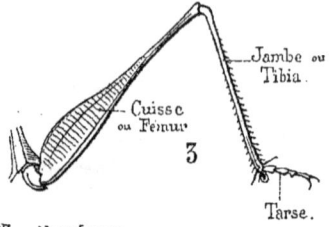

Jambe ou Tibia.

Cuisse ou Fémur

Tarse.

3

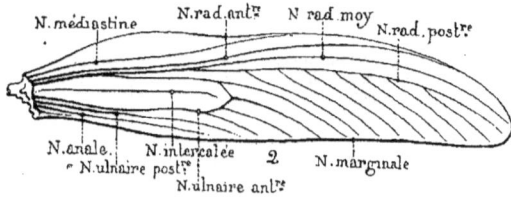

N. médiastine   N. rad. ant.   N. rad. moy   N. rad. post.

N. anale.   N. intercalée   2   N. marginale

N. ulnaire post.   N. ulnaire ant.

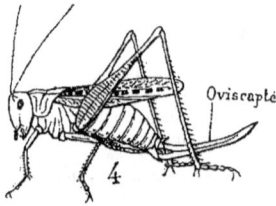

Oviscapte

4

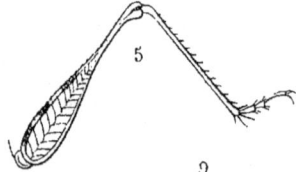

5

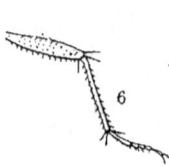

6

7

9

8

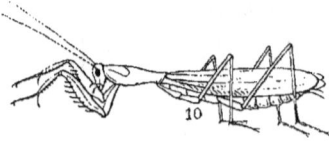

10

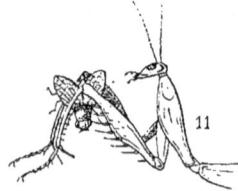

11

ORTHOPTÈRES DE FRANCE (C. Houlbert del.

1er Genre : **LABIDURA** Leach.

Antennes sétacées et formées de nombreux articles; plaque ventrale de l'avant-dernier segment abdominal triangulaire et non circulaire; branches de la pince des mâles écartées à la base. Elytres et ailes bien développées.

1 { Taille grande (12 à 25 mil.); antennes de 27 à 30 articles (Fig. 26). *L. riparia*
  { Taille petite (6 à 9 mill.); antennes de 17 à 21 articles........... *L. Dufouri*

1. **L. riparia** Pall. (Fig. 26). — Corps d'un roux clair; prothorax brun avec ses côtés plus pâles; pinces rousses, à extrémités noires; taille 12-25 mill. — C'est la plus grande espèce d'Europe; on la rencontre sous les pierres le long des rivages maritimes et près des cours d'eau. — Midi, centre et ouest de la France. Assez commune. Printemps, été.

2. **L. Dufouri** Desm. — Corps d'un brun roussâtre; prothorax bordé de jaune; pinces ferrugineuses ayant ses branches droites; pattes jaunâtres (*L. pallipes* Duf.); taille 6-9 mill. — Endroits humides, sous les débris. — France méridionale. Très rare. Eté.

2e Genre : **ANISOLABIS** Leach.

Elytres et ailes nulles ou rudimentaires; les autres caractères sont les mêmes que dans le genre précédent.

1 { Elytres rudimentaires, très courtes; antennes et pattes brunes. (Fig. 27)........ .... *A. mœsta*
  { Aucune trace d'élytres ni d'ailes; antennes et pattes d'un jaune pâle....... 2

2 { Antennes brunes avec un anneau blanc; pattes roussâtres avec des anneaux bruns... *A. annulipes*
  { Antennes et pattes de même couleur partout .... *A. maritima*

1. **A. maritima** Bonelli. — Corps d'un brun luisant en dessus; abdomen très finement pointillé; taille 13-20 mill. — Sous les pierres et les débris humides, au bord de la mer, le long des côtes de Provence. Rare. Eté.

2. **A. mœsta** Gené (Fig. 27). — Mêmes caractères que la précédente, dont elle ne diffère essentiellement que par ses élytres avortées. — Pattes brunes. On la trouve toute l'année sous les pierres, sous les feuilles et au pied des arbres, sous la mousse, dans les provinces méridionales. Commune.

3. **A. annulipes** Lucas. — Pattes annelées de brun; antennes avec un anneau blanc; taille 10-14 mill. — Sous les débris en été, le long du littoral de Provence. Rare.

(1) La morphologie de ce groupe est si uniforme, qu'à part le caractère sexuel, il n'en existe pas d'autre assez général pour permettre de distinguer facilement le genre *Forficula* des deux suivants.

NOTA. — Les nombres qui indiquent la taille se rapportent, le premier, aux dimensions moyennes des ♂, le second aux dimensions moyennes des ♀.

3° Genre : **LABIA** Leach.

Deuxième article des tarses cylindrique; avant-dernière plaque ventrale de l'abdomen prolongée en pointe chez les mâles.

1. **L. minor** L. (Fig. 28). — Espèce remarquable par sa très petite taille (4-5 mill.); c'est la plus petite des Forficules françaises. Commune pendant l'été sous les détritus; dans les journées chaudes, elle vole le soir autour des fumiers en compagnie des Staphylins.

4° Genre : **FORFICULA** L.

Corps convexe; antennes de 10 à 15 articles distincts; prothorax carré, aplati en dessus; deuxième article des tarses bilobé, plus ou moins dilaté; élytres tronquées carrément au sommet.

1 — Ailes bien développées, plus longues que les élytres qu'elles dépassent au sommet (Fig. 29)................................. *F. auricularia*
— Ailes rudimentaires, cachées par les élytres ou complètement avortées.. 2

2 — Ailes très courtes, entièrement cachées par les élytres.......... 3
— Ailes complètement nulles.............................. *F. decipiens*

3 — Branches des pinces des ♂ contiguës sur les 2/3 de leur longueur. *F. pubescens*
— Branches des pinces des ♂ contiguës dans la 1/2 de leur longueur seulement.. *F. Lesnei*

1. **F. auricularia** L. (Fig. 29). — C'est cette espèce qu'on désigne vulgairement sous le nom de Perce-Oreille; taille 12-15 mill. Très commune partout, sous les pierres, sous les détritus, parmi les fruits, etc. — Eté, automne.

2. **F. pubescens** Géné. — Tête roussâtre; élytres tronquées un peu obliquement à l'extrémité; pattes pubescentes; taille 6-10 mill. Espèce méridionale, vivant sous les pierres et sous les débris. — Rare. Eté.

3. **F. Lesnei** Finot. — Ailes très courtes, cachées sous les élytres; taille 6-10 mill. — Dans les bois, sur les herbes, les buissons, etc. Calvados, Loire-Inférieure. — Automne. Rare.

4. **F. decipiens** Géné. — Ailes absolument nulles; antennes d'un roux clair; taille 8-13 mill. — Espèce du midi de la France, mais que M. Finot a cependant capturée à Fontainebleau. — Sur les herbes, du printemps à l'automne. Rare.

5° Genre : **ANECHURA** Scudder.

Dernier segment de l'abdomen muni en dessus et de chaque côté de deux tubercules très saillants. — Une seule espèce.

1. **A. bipunctata** Fab. (Fig. 30). — Corps noirâtre; élytres offrant chacune dans leur milieu une tache ovale d'un roux jaunâtre; taille 10-14 mill. — Dans les montagnes, Alpes et Pyrénées, au voisinage des glaciers; sous les pierres. — Assez commune.

6° Genre : **CHELIDURA** Latr.

Elytres et ailes presque toujours rudimentaires; corps allant en s'élargissant vers l'extrémité; branches de la pince des mâles cylindriques à la base.

Feuille des Jeunes Naturalistes   IIIe Série, 30e Année, pl. II

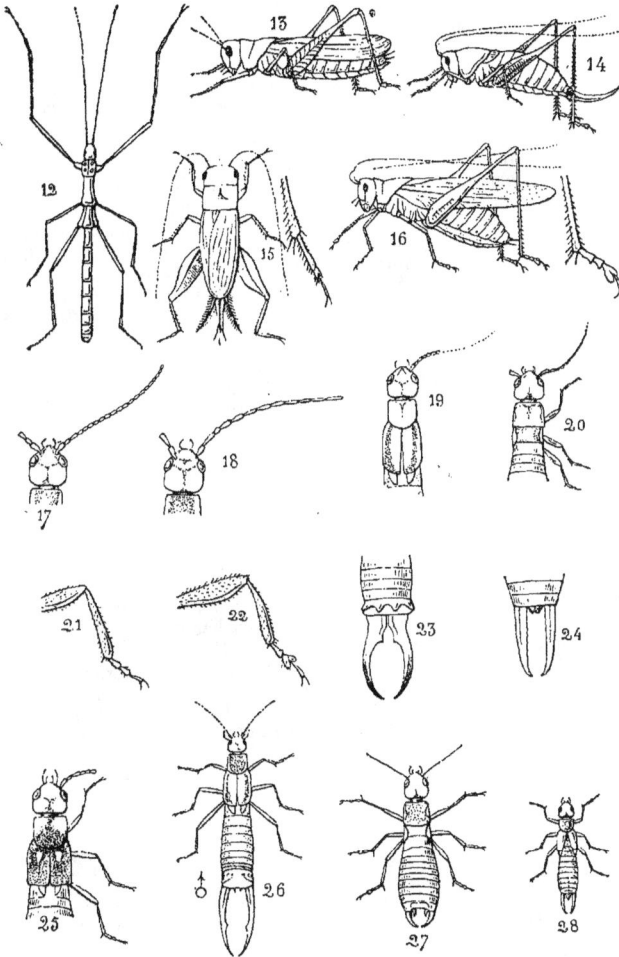

ORTHOPTÈRES DE FRANCE (C. Houlbert, del.)

1 { Elytres plus longues que larges; antennes de 12 articles............... 2
} Elytres plus larges que longues; antennes de 13 articles................. 3

2 { Elytres quadrangulaires, tronquées à angles droits ; corps velu
   (Fig. 31).. *Ch. albipennis*
   Elytres triangulaires, tronquées obliquement................... *Ch. sinuata*

3 { Plaque sous-génitale pointue et recourbée en-dessus....... *Ch. acanthopygia*
   Plaque sous-génitale, non terminée en pointe........................... 4

4 { Pinces courtes, ayant à peine deux fois la longueur du prothorax.. *Ch. dilatata*
   Pinces longues, égalant environ 3 fois la longueur du prothorax... *Ch. aptera*

1. Ch. albipennis Még. (Fig. 31. — Corps d'un roux clair, pubescent ;
yeux noirs; abdomen d'un jaune grisâtre; taille 6-10 mill. — Cette espèce
est surtout commune dans le nord de la France. On doit la rechercher sur
les buissons au bord des eaux. — Printemps et été. Assez commune.

2. Ch. sinuata Germ. — Corps brun; prothorax avec une bordure pâle;
élytres tronquées obliquement à leur extrémité; taille 7-12 mill. Régions
élevées des montagnes, Alpes et Pyrénées. — Eté et automne. Rare.

3. Ch. acanthopygia Géné. — Elytres fortement transverses, plus larges
que longues; taille 6-11 mill. -- Nord de la France, dans les parties boisées
et montagneuses. Sous les mousses, sous les feuilles mortes et sur les
buissons. — Printemps à automne. Rare.

4. Ch. aptera Még. — Elytres très courtes; écusson bien visible; taille
10-14 mill. — Sous les pierres, sous les écorces. — Automne, Alpes. Rare.

5. Ch. dilatata Lafresn. — Corps d'un brun marron; tête fauve, ayant
une tache frontale noire; taille 13-17 mill. — Localités élevées des Pyrénées. Rare. Automne.

II° Famille : **BLATTES** (*Cafards, Cancrelats*)

Les Blattes sont des Orthoptères marcheurs dont les antennes sont très
longues et dont la tête est le plus souvent cachée par le prothorax.

Bien que leurs ailes soient parfois bien développées, les Blattes ne
volent pas; en revanche, elles courent avec agilité ; la forme aplatie de
leur corps leur permet de s'introduire partout; elles se tiennent, en effet,
dans les fentes des murs et dans les fissures des boiseries. Elle sont très
voraces; elles ne sortent que la nuit et se nourrissent de toutes sortes de
substances animales ou végétales.

Tableau des Tribus

1 { Nervure radiale des élytres garnie de ramifications simples; plaque
    sous-génitale des ♀ large (Fig. 32)............................... 2
   Nervure radiale des élytres garnie de ramifications fourchues; plaque
    sous-génitale des ♀ à deux valvules articulées (Fig. 33) PÉRIPLANÉTIDÉS I

2 { Plaque sur-anale transversale arrondie et très étroite dans les deux
    sexes (Fig. 34).. ECTOBIDÉS III
   Plaque sur-anale triangulaire dans les deux sexes (Fig. 35) PHYLLODROMIDÉS II

Iʳᵉ Tribu : **Périplanétidés**

Cette tribu contient les plus grandes formes du groupe; les espèces qui la composent vivent exclusivement dans les maisons d'habitation et dans les magasins où elles pullulent parfois. Elles sont très voraces et rongent presque toutes les matières végétales qui se trouvent à leur portée. Un seul genre.

7ᵉ Genre : **PERIPLANETA** Burmeister.

Ce genre comprend deux espèces étrangères, parfaitement acclimatées en France ; elles sont caractérisées par leurs antennes beaucoup plus longues que le corps et par leurs cuisses très épineuses.

1 {
Elytres et ailes beaucoup plus longues que l'abdomen; taille 28-32 mill... *P. americana*
Elytres et ailes plus courtes que l'abdomen, rudimentaires chez les femelles ; taille 18-22 mill........................... *P. orientalis*

1. **P. orientalis** L. (Fig. 36) (*Blatte des cuisines* Geoff.). — Originaire de l'Asie mineure; corps brun; jambes roussâtre. C'est un insecte nocturne très commun dans les cuisines, les boulangeries, les magasins, où on le connaît, suivant les pays, sous les noms de Cafard, de Bête-noire, de Marissiaux, etc.

2. **P. americana** L. (Fig. 37) (*La grande Blatte* Geoff.). — De couleur brune; taille 28-32 mill. Originaire de l'Amérique méridionale; naturalisée dans les ports de la Méditerranée et de l'Océan. Assez commune dans les navires, les magasins, les raffineries, etc., où on la connaît sous le nom de Cancrelat.

IIᵉ Tribu : **Phyllodromidés**

Tribu représentée simplement en France par deux espèces très inégalement distribuées et caractérisées surtout par la forme triangulaire de la plaque sur-anale.

1 {
Elytres et ailes bien développées (Fig. 28).............. PHYLLODROMIA
Elytres petites, en forme d'écaille ; ailes nulles (Fig. 39).... LOBOPTERA

8ᵉ Genre : **PHYLLODROMIA** Serville.

Taille moyenne; antennes à peine plus longues que l'abdomen.
1. **Ph. germanica** L. (Fig. 38). — Caractérisée par son prothorax orné en dessus de deux taches longitudinales brunes ; taille 11-13 mill. Commune dans le nord de la France, dans les maisons et dans les magasins. Eté.

9ᵉ Genre : **LOBOPTERA** Brünner.

1. **L. decipiens** Germ. (Fig. 39). — Taille 8-11 mill. Espèce commune pendant la plus grande partie de l'année, sous les pierres et sous les feuilles mortes, le long du littoral méditerranéen.

IIIᵉ Série, 30ᵉ Année, pl. III

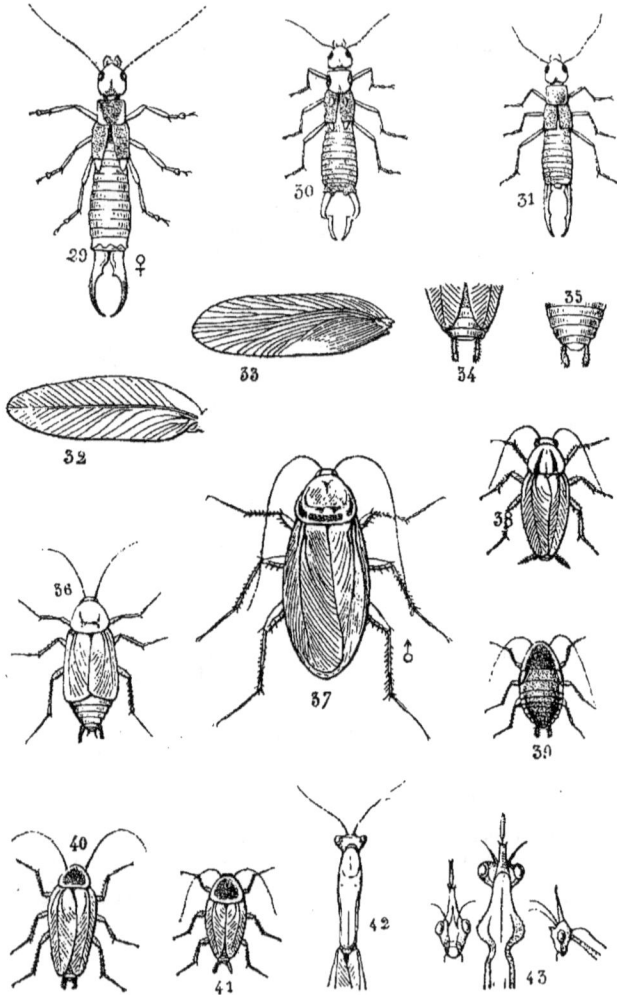

ORTHOPTÈRES DE FRANCE (C. Houlbert, del.)

IIIᵉ Tribu : **Ectobidés**

Toutes les espèces de cette tribu vivent en dehors des habitations ; on les rencontre dans les bois, sur les buissons, sur les herbes et sous les feuilles sèches.

1 { Elytres et ailes plus ou moins bien développées (Fig. 40)....... ECTOBIA
   { Elytres très courtes ; ailes nulles (Fig. 41)................... APHLEBIA

10ᵉ Genre : **ECTOBIA** Westwood.

Les Blattes qui composent ce genre sont très petites ; leur taille ne dépasse pas un centimètre, leur couleur est en général le roux clair ou le jaune pâle.

1 { Prothorax brun ou noir, avec une bordure pâle........................ 2
  { Prothorax jaunâtre, quelquefois transparent........................... 3

2 { Prothorax bordé de gris clair seulement sur les côtés. (Fig. 40)... *E. lapponica*
  { Prothorax bordé de gris clair sur tout son contour.............. *E. nicæensis*

3 { Taille variable ; prothorax et élytres entièrement gris ou jaune
  { pâle... 4
  { Taille moyenne (7-10 mill.) ; prothorax et élytres pointillés de
  { brun... *E. livida*

4 { Taille 5-7 mill. ; prothorax et élytres de couleur grise.......... *E. ericetorum*
  { Taille 8-10 mill. ; prothorax et élytres de couleur jaune paille.... *E. vittiventris*

1. **E. lapponica** L. (Fig. 40). — Elytres plus courtes que l'abdomen ; partie centrale du prothorax brune avec les bords plus pâles ; taille 8-10 mill. — Assez commune partout, mais surtout dans le nord. On la trouve dans les bois, sur les herbes et sur les buissons. — Printemps à automne.

2. **E. nicæensis** Brisout. — Voisine de la précédente, dont elle diffère principalement par son prothorax ponctué ; taille 6-7 mill. Très rare. Environs de Nice et de Digne. Eté.

3. **E. ericetorum** Wesm. — Elytres courtes et tronquées, d'un gris pâle ; prothorax jaune pâle ; tête et antennes brunes ; taille 5-6 mill. Centre et nord de la France. Assez commune dans les bois, sur les herbes et sur les bruyères. Eté, automne.

4. **E. livida** Fabr. (*La Blatte jaune* Geoff.). — Corps entièrement d'un jaune paille ; prothorax parsemé de points bruns ; taille 8-9 mill. Commune partout dans les bois, sous les feuilles sèches, sous les mousses et aussi sur les herbes. Eté, automne.

5. **E. vittiventris** Costa. — Corps entièrement d'un jaune pâle, sans aucune ponctuation. N'est peut-être qu'une forme méridionale d'*E. livida*. Midi de la France. — Rare. Eté.

11ᵉ Genre : **APHLEBIA** Brünner.

La distribution géographique des Orthoptères est encore si peu connue que ce genre n'est mentionné ici qu'à titre d'indication seulement. Les deux espèces qui s'y rapportent n'ont jamais été observées en France, on ne les a rencontrées qu'en Corse. Bien que la faune de Corse soit très différente de la faune continentale française, on peut cependant espérer les trouver le long du littoral méditerranéen.

1 { Elytres bordées de blanc et aussi longues que l'abdomen (Fig. 41). *A. marginata*
  { Elytres beaucoup plus courtes que l'abdomen................. *A. subaptera*

1. **A. marginata** Schr. (Fig. 41). — Corps luisant; élytres bien développées; taille 6-9 mill. — Sous les pierres, sous les débris et sur les fleurs.
Rare. Littoral méditerranéen. Eté.

2. **A. subaptera** Ramb. — Corps noir avec des bandes pâles; élytres
courtes; taille 6-7 mill. — Très rare. Sous les feuilles mortes et sous les
pierres. Corse. Eté.

III° Famille : MANTES *(Prie-Dieu; Pregadiou)*

Les Mantes sont des Orthoptères de forme bizarre, caractérisés par leur
corps allongé, très étroit et leurs élytres horizontales; la tête est large et
transversale; les antennes, en général filiformes, sont cependant quelquefois pectinées chez les mâles; l'un de leurs caractères les plus remarquables
est la forme toute particulière de leurs pattes antérieures; les tibias sont
armés de fortes dents destinées à capturer les insectes qui passent à leur
portée.

Les Mantes se nourrissent de proies vivantes; elles sont carnassières et
très voraces.

Quand elles se tiennent à l'affût, soit sur la terre, soit sur les buissons,
elles relèvent leur prothorax et replient leurs jambes antérieures contre
les cuisses. Cette attitude rappelle très vaguement celle d'une personne à
genoux, c'est pourquoi les anciens auteurs leur ont donné les noms signi-
ficatifs de *Mante prêcheuse, Mante prie-Dieu, Mante religieuse,* etc. C'est
pour la même raison qu'elles sont désignées dans le midi de la France
sous le nom de *Pregadiou.*

1 { Antennes plus courtes que le prothorax; tête fortement prolongée en avant (Fig. 43)................................. EMPUSIDÉS I
{ Antennes plus longues que le prothorax; tête non prolongée
en avant (Fig. 42)..................................... MANTIDÉS II

I° Tribu : Empusidés

Les Empuses se distinguent de tous les autres Mantidés par la forme
particulière de la tête et du front; de plus, leurs pattes postérieures et
moyennes sont munies d'appendices foliacés à l'extrémité des cuisses; ce
dernier caractère leur est particulier. Un seul genre, renfermant une seule
espèce en France.

12° Genre : EMPUSA Illig.

Caractères de la tribu.

1. **E. egena** Charpent. (Fig. 44). — Corps d'un vert jaunâtre; antennes
des mâles pectinées; taille 60-67 mill. — France méridionale sur les buissons ou sur les herbes dans les endroits humides. Assez commune. Eté.

II° Tribu : Mantidés

Les Mantidés sont surtout abondants dans les pays chauds; leur nombre
diminue à mesure qu'on remonte vers le nord; et, sous la latitude de Paris,
on ne rencontre plus que la *Mante religieuse.*

IIIᵉ Série, 30ᵉ Année, pl. IV

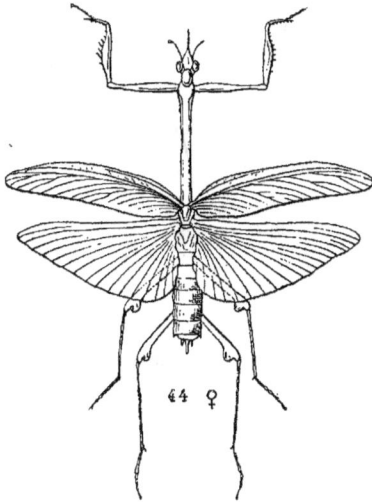

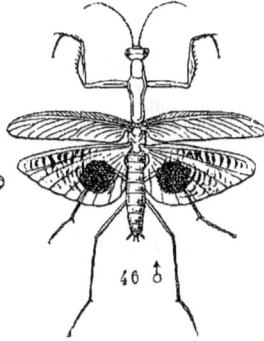

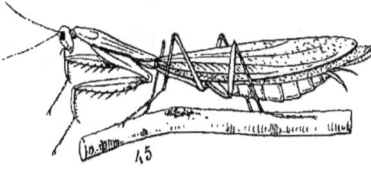

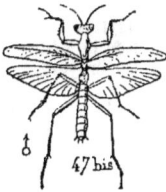

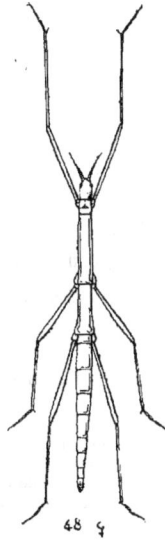

ORTHOPTÈRES DE FRANCE (C. Houlbert, del.)

2

1 { Prothorax longuement prolongé en arrière après sa dilatation (Fig. 45 et 49). 2
  { Prothorax court à peine prolongé en arrière après la dilatation (Fig. 47) AMELES

2 { Elytres aussi longues que l'abdomen et dépassant les ailes (Fig. 45) .. MANTIS
  { Elytres plus courtes que l'abdomen (Fig. 49)................ .... IRIS

13° Genre : **MANTIS** L.

Prothorax légèrement dilaté à sa partie antérieure ; antennes filiformes dans les deux sexes. Les mâles diffèrent des femelles par leur corps plus grêle. Une seule espèce.

1. **M. religiosa** L. (Fig. 45). — Corps d'un vert clair; élytres avec une bordure antérieure rousse; taille 45-75 mill.—Très commune dans le midi, plus rare dans le nord. — Dans les lieux incultes, sur les buissons bas. Eté, automne.

NOTA. — On trouve une variété d'un brun roussâtre uniforme. Les deux variétés sont assez communes, en septembre, sur les coteaux crayeux de Mâlay-le-Roi, près de Sens et sur toute la bordure de la forêt d'Othe; on les rencontre à terre ou sur les buissons de Génévriers.

14° Genre : **IRIS** de Saussure.

Elytres plus courtes que l'abdomen ; élytres transparentes, ayant leur bord antérieur roussâtre et sur leur disque une grande tache noire arrondie et ocellée.

1. **I. oratoria** L. (Fig. 46). — Corps vert ou brun; taille 32-45 mill. Commune le long des côtes maritimes de la Provence et du Languedoc, dans les endroits très chauds et humides. — Eté, automne.

15° Genre : **AMELES** Burmeist.

La taille des Ameles est plus faible que celle des Mantes ; ce sont les plus petits Mantidés de la faune française; les élytres et les ailes sont en général bien développées, surtout chez les mâles.

1 { Yeux ronds, de forme ordinaire.................................... 2
  { Yeux coniques terminés en pointe........................ A. brevipennis

2 { Prothorax court, fortement dilaté aux épaules et marqué d'une ligne
  {   brune en son milieu (Fig. 47)........................ A. Spallanziana
  { Prothorax allongé, peu dilaté aux épaules et non marqué d'une ligne
  {   brune... A. decolor

1. **A. decolor** Charpent. — Corps gris ou brun ; élytres et ailes très courtes chez les femelles; taille 20-23 mill. — Littoral de la Méditerranée. Très rare. On la rencontre dans les herbes et sur les bruyères. Août à octobre.

2. **A. Spallanziana** Rossi (Fig. 47 bis). — Couleur variable; élytres et ailes très raccourcies chez les femelles; taille 18-23 mill. Littoral de la Provence, sur les arbrisseaux. — Automne. Peu commune.

3. **A. brevipennis** Yersin. — Cette espèce est extrêmement rare; elle n'a été prise qu'à Hyères; la forme conique de ses yeux porte à croire que c'est une variété aptère d'A. nana.

IV° Famille : PHASMES (*Spectres*)

Les Phasmes présentent des formes encore plus extraordinaires que les Mantes; quand leurs ailes sont bien développées ils ressemblent si exactement à des feuilles qu'on leur a donné le nom significatif de Phyllies (*Phyllie feuille sèche*); quand ils sont dépourvus d'ailes, leur corps allongé prend l'aspect de branches desséchées. Les mâles sont beaucoup plus petits que les femelles et beaucoup plus rares.

Ces bizarreries de formes doivent être rapportées au *mimétisme* c'est-à-dire à cette propriété remarquable que possèdent certains organismes de s'identifier avec le milieu où ils vivent, ou d'imiter d'autres espèces mieux armées, pour échapper aux poursuites de leurs ennemis.

Les Phasmes sont propres aux contrées méridionales; ce sont les plus grands de tous les Insectes; ils paraissent être aussi des plus anciens qui soient apparus à la surface du globe. Un seul genre français.

16° Genre : BACILLUS Latr.

Corps dépourvu d'ailes dans les deux sexes; pattes courtes; possédant des tarses de cinq articles; tête plus longue que le prothorax.

```
  ⎧ Antennes de 20-25 articles; cuisses moy. et postér. garnies de
  ⎪   dents nombreuses............................................ B. Rossi
1 ⎨ Antennes de 12-13 art.; cuisses moy. et postér. à une ou deux
  ⎩   dents (Fig. 48) ........................................... B. gallicus
```

1. **B. gallicus** Charp. (Fig. 48). — Corps de couleur variable vert ou brun, avec des linéoles rosés; taille 52-70 mill. — Assez commun dans le centre et le midi de la France, sur les arbrisseaux, principalement sur les Pruniers sauvages. Le mâle est beaucoup plus rare que la femelle. — Eté, automne.

2. **B. Rossi** Fabr. — Plus grand que l'espèce précédente, dont il diffère spécialement par le nombre des articles aux antennes; taille 62-105 mill. — Habite la Provence; on le rencontre sur les arbrisseaux et sur les buissons; le mâle n'a jamais été observé en France. Eté, automne. Rare.

V° Famille : ACRIDIENS (*Criquets*)

Les Acridiens ou Criquets, sont désignés vulgairement, suivant les pays, sous les noms de Sautériots ou Sautericots; on les confond très souvent avec les Sauterelles (*Locustidés*), dont ils se distinguent cependant par des caractères très nets et faciles à observer; le corps des Acridiens est en effet conique et légèrement comprimé sur les côtés, tandis que celui des Locustidés est ovoïde.

La tête porte presque toujours des ocelles; les antennes sont courtes; les tarses n'ont jamais que *trois articles*; enfin, l'abdomen des femelles n'est jamais terminé par cette tarière allongée (*oviscapte*) qui sert aux Locustidés à déposer leurs œufs dans le sol; cet organe est remplacé par quatre stylets cornés disposés par paires à l'extrémité de l'abdomen (Fig. 49 *bis*).

Les Acridiens sautent avec une grande agilité. Les mâles font entendre

un son grêle et très perçant, qu'ils produisent en frottant le bord interne denté des cuisses postérieures contre les nervures saillantes des élytres.

Ces Insectes se tiennent de préférence dans les champs cultivés, dans les prairies et sur les pentes herbues des montagnes; on les rencontre à l'état de larves pendant le printemps et une grande partie de l'été; ils sont adultes à l'automne.

Peu nuisibles dans le nord de la France, les Criquets se développent parfois en si grande abondance dans les contrées méridionales de l'Europe, en Afrique et en Asie, qu'ils provoquent de véritables calamités; ils envahissent des provinces entières en bandes si nombreuses (*nuées de Sauterelles*) qu'ils détruisent entièrement en quelques jours toutes les récoltes et toutes les plantations.

Les espèces les plus redoutables sont le *Criquet pèlerin* (*Acridium peregrinum* Oliv.), le *Pachytylus migratorius* L. et quelquefois aussi, paraît-il, l'élégant *Caloptenus italicus;* ces deux dernières espèces seulement se rencontrent en France.

TABLEAU DES TRIBUS

1 { Une pelote plus ou moins distincte entre les crochets des tarses; prothorax court (Fig. 50).. 2
Pas de pelote entre les crochets des tarses; prothorax longuement prolongé en arrière et recouvrant l'abdomen (Fig. 51)..... TÉTRICIDÉS VI

2 { Tête plus ou moins prolongée en avant; front fortement incliné; antennes comprimées élargies en fuseau (Fig. 52)........ TRUXALIDÉS I
Tête non prolongée en avant; front vertical ou faiblement incliné; antennes filiformes (Fig. 53) 3

3 { Prosternum muni d'une pointe ou d'un tubercule en son milieu (Fig. 54) .... ACRIDIDÉS V
Prosternum sans pointe en son milieu (Fig. 55)................. 4

4 { Front vertical; *prothorax fortement rétréci dans sa partie antérieure;* ailes presque toujours colorées, avec une fascie noirâtre (Fig. 56). ŒDIPODIDÉS IV
Front plus ou moins incliné; *prothorax parallèle;* ailes hyalines ou uniformément rembrunies (Fig. 57)............................... 5

5 { Fovéoles frontales nulles ou très petites (Fig. 58)....... PARAPLEURIDÉS II
Fovéoles frontales imprimées ou non, mais toujours bien visibles (Fig. 59)................................. STÉNOBOTHRIDES III

1re Tribu : **Truxalidés**

Les Truxalidés appartiennent presque tous à la faune méridionale de l'Ancien monde; ils se distinguent nettement des autres Acridiens par leur front plus ou moins allongé et rétréci, ce qui rend la face antérieure de la tête fortement oblique; les antennes sont plus ou moins comprimées et élargies en forme de fuseau; elles possèdent de 15 à 20 articles peu distincts.

1 { Prosternum portant en son milieu une pointe obtuse et comprimée (Fig. 60)..................................... PYRGOMORPHA
Prosternum sans pointe en son milieu (Fig. 61)........................ 2

2 { Sommet du front fortement avancé entre les yeux (Fig. 52)...... TRUXALIS
Sommet du front très peu avancé entre les deux yeux; antennes comprimées et dilatées à la base (Fig. 62).............. OXYCORYPHUS

IIIᵉ Série, 30ᵉ Année, pl. V

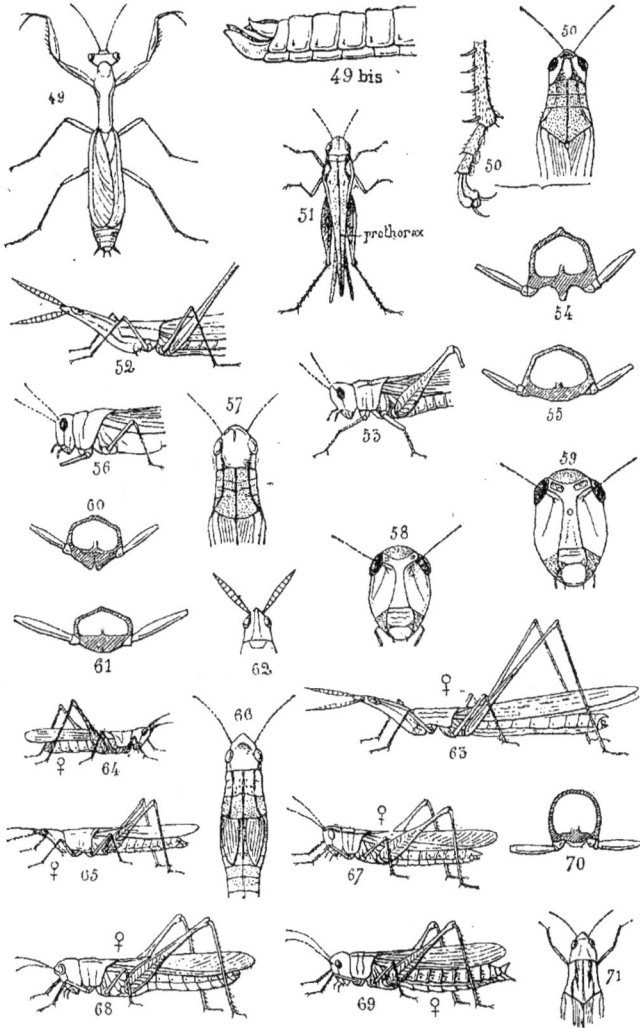

ORTHOPTÈRES DE FRANCE (C. Houlbert, del.)

17° Genre : **TRUXALIS** Fab.

Caractères de la tribu.
1. **T. nasuta** L. (Fig. 63). — Corps allongé, de couleur verte ou roussâtre avec des lignes latérales rougeâtres qui se prolongent jusque sur la tête; taille 35-70 mill.; dessus de l'abdomen rosé. — Commune à l'automne dans les prairies du littoral méditerranéen. — Août à novembre.

18° Genre : **OXYCORYPHUS** Fischer.

Ce genre se distingue du précédent par la brièveté du front et par ses antennes moins aplaties.
1. **O. compressicornis** Lat. (Fig. 64). — Corps vert ou brunâtre; ailes transparentes légèrement rosées à la base. — Prairies et pelouses des bois, surtout dans le sud-ouest de la France. — Peu commune. — Août à septembre.

19° Genre : **PYRGOMORPHA** Serv.

Tête moins allongée que chez les Truxalis; les antennes sont plus courtes et plus longuement acuminées.
1. **P. grylloides** Latr. (Fig. 65). — Tête, prothorax et élytres d'un vert d'herbe mat; ailes transparentes; taille 15-30 mill. Espèce du littoral méditerranéen; endroits arides et clairières sèches des bois. — Peu commune. — Printemps.

II° Tribu : **Parapleuridés**

Les quatre genres qui composent cette tribu, en France, forment un groupement parfaitement naturel, tant au point de vue morphologique qu'au point de vue biologique.
La tête possède la forme d'un cône arrondi et présente une saillie très courte qui s'avance entre les yeux; le prothorax est arrondi en dessus, avec des carènes latérales nulles ou faiblement marquées; les bourrelets saillants qui réunissent de chaque côté le front au vertex, sont très étroits, ce qui fait que les fovéoles frontales sont nulles ou incomplètes; seul le genre *Mecostethus* possède, tout à fait en arrière, près des yeux, de petites fossettes triangulaires; il établit ainsi le passage entre les Parapleuridés et les Sténobothridés.
Les Parapleuridés vivent presque toujours dans les endroits humides, où les Cypéracées croissent en abondance; ils sont communs dans les marécages et dans certaines prairies au bord des rivières.

1 { Elytres et ailes bien développées, égales à l'abdomen ou le dépassant, surtout dans les mâles (Fig. 67, 68, 69)............................ 2
{ Elytres beaucoup plus courtes que l'abdomen; ailes nulles (Fig. 66). CHRYSOCHRAON

2 { Prothorax arrondi en dessus, à carènes latérales nulles (Fig. 70). PARAPLEURUS
{ Prothorax plus ou moins plan en dessus; carènes latérales bien visibles (Fig. 71)............................ 3

3 { Fovéoles frontales nulles (Fig. 72) .... PARACINEMA
{ Fovéoles frontales très petites, triangulaires (Fig. 58) .... MECOSTETHUS

20° Genre : **CHRYSOCHRAON** Fischer.

Elytres courtes; ailes nulles; abdomen allongé; prothorax à carènes latérales droites et non interrompues.

1 {
  Prothorax légèrement chagriné; couleur grise variée de brun et de
  mauve (Fig. 73)..................................... *Ch. dispâr*
  Prothorax lisse; couleur verte...... .... *Ch. brachyptèrus*

1. **Ch. dispar** Hcy. (Fig. 73). — Abdomen et élytres d'un gris violacé; taille 18-25 mill. — Assez commune dans les prairies humides et dans les clairières des bois. — Juillet à septembre.

2. **Ch. brachypterus** Ocskay. — Corps vert à reflets jaunes; taille plus petite que le précédent 12-15 mill. Elle est plus localisée que *Ch. dispar* et habite de préférence les prairies des montagnes. — Pyrénées, Jura, Auvergne, Causses. — Août à octobre.

21ᵉ Genre : **PARAPLEURUS** Fischer.

Côtés du prothorax arrondis et parallèles; carènes latérales nulles.

1. **P. alliaceus** Germ. (Fig. 67). — Entièrement d'un beau vert d'herbe; derrière chaque œil se trouve une ligne noire longitudinale parcourant le prothorax dans toute sa longueur et se prolongeant jusque sur les élytres; élytres roussâtres; ailes incolores. Cette espèce, commune dans les prairies humides, habite toute la France. — Le mâle est beaucoup plus petit que la femelle. — Août à octobre.

NOTA. — J'ai trouvé en abondance, dans les prairies tourbeuses de Mâlay-le-Roi, près de Sens, une variété excessivement brune, presque noire parfois. Si les particularités de coloration avaient une valeur quelconque chez les Orthoptères, cette forme locale mériterait de constituer une variété intéressante.

22ᵉ Genre : **PARACINEMA** Fischer.

Prothorax muni de deux carènes latérales interrompues après le premier sillon transversal et prolongé en arrière en forme de triangle.

1. **P. tricolor** Thunb. (Fig. 68). — Corps vert; prothorax offrant le long de chaque carène latérale une ligne longitudinale noire, étroite à la partie antérieure, s'élargissant ensuite et finissant vers les trois quarts du prothorax; tibias postérieurs rouges; taille 25-38 mill. — Prairies dans le centre et le midi de la France. — Rare. — Juillet à septembre.

23ᵉ Genre : **MECOSTETHUS** Fieber.

Carènes latérales du prothorax formant, de chaque côté, un angle rentrant vers le milieu.

1. **M. grossus** L. (Fig. 69) (*Criquet ensanglanté* de Geoffroy). — Corps d'un vert olive mélangé de jaune et de brun; taille 15-35 mill.; le mâle est beaucoup plus petit que la femelle; élytres portant à leur bord inférieur une large bande jaune; dessous des cuisses postérieures d'un beau rouge; jambes postérieures jaunes annelées de noir.

Très commune dans les prairies humides près des rivières, dans presque toute la France. — Août à octobre.

IIIᵉ Tribu : **Sténobothridés** Houlb.

La tribu des Sténobotridés est moins homogène que celle des Parapleuridés; les insectes qui la composent vivent principalement dans les terrains secs, dans les bois découverts et sur les coteaux arides des régions montagneuses; quelques espèces cependant fréquentent les prairies humides du bord des rivières.

Le caractère essentiel de cette tribu consiste dans l'existence de fovéoles frontales très nettes; presque toujours ces fossettes sont fortement imprimées, mais quelquefois, comme par exemple dans le genre Stetophyma, elles ne sont représentées que par un simple pointillé sur la surface plane des bourrelets frontaux.

1 { Antennes renflées en massue à l'extrémité (Fig. 74)........ GOMPHOCERUS
  { Antennes non renflées en massue à l'extrémité (Fig. 75)............... 2

2 { Elytres sans nervure intercalée (Fig. 76)............................. 3
  { Elytres ayant une nervure intercalée; carènes latérales nulles (Fig. 77).
    .... EPACROMIA

3 { Un seul sillon transversal et trois carènes bien distinctes sur le pro-
  { thorax (Fig. 75 et 90)....................: .... STENOBOTHRUS
  { Deux sillons transversaux au moins sur le prothorax (Fig. 79)............. 4

4 { Fovéoles frontales en creux; disque du prothorax portant deux lignes
  { pâles se coupant en croix (Fig. 80-81)................ STAURONOTUS
  { Fovéoles frontales représentées simplement par une surface poin-
  { tillée (Fig. 82).. STETOPHYMA

24° Genre : **STETOPHYMA** Fischer.

Prothorax avec trois sillons transversaux; insectes vivant dans les montagnes et caractérisés par leurs fovéoles frontales simplement pointillées.

1 { Tibias postérieurs rouges; ailes hyalines ou enfumées 2
  { Tibias postérieurs bleuâtres; ailes roses à la base............. S. hispanicum

2 { Ailes enfumées, brunes (Fig. 83) .... S. fuscum
  { Ailes hyalines, non enfumées............................. S. flavicosta

1. S. hispanicum Ramb. — Côtés du prothorax mélangés de brun et de jaunâtre; ailes incolores, roses à la base; face interne des cuisses postérieures ayant trois ou quatre bandes noires transversales; jambes postérieures bleuâtres avec un large anneau jaune près de la base; taille 18-30 mill. Littoral de la Provence sur les buissons. — Rare. — Juillet, août.

2. S. fuscum Pallas (Fig. 83). — Corps jaune verdâtre; prothorax à trois carènes; dessous des cuisses postérieures d'un rouge corail, jambes rouges avec un anneau jaune à la base; taille 25-32 mill. — Dans les montagnes (Alpes et Pyrénées, Plateau central) sur les pentes couvertes de bruyères. — Rare. — Juillet à septembre.

3. S. flavicosta Fisch. — Corps d'un vert brun; tibias postérieurs rouges. — Dans les friches arides des montagnes (Alpes). — Très rare.

25° Genre : **STAURONOTUS** Fischer.

Yeux très gros, saillants; carènes latérales du prothorax nettes après le sillon transversal seulement.

1 { Tibias postérieurs rouges (Fig. 84)......................... S. maroccanus
  { Tibias postérieurs bleuâtres............................... S. genei

1. S. genei Ocskay. — Corps d'un jaune pâle; taille 12-18 mill. — Prairies voisines des côtes, région de la Méditerranée et du sud-ouest de la France. — Rare. — Juillet à novembre.

2. S. maroccanus Thunb. (Fig. 84). — Corps brun ou roussâtre; taille 18-23 mill. — Lieux incultes du littoral méditerranéen. — Rare. — Août à octobre.

26° Genre : **EPACROMIA** Fischer.

Ailes incolores; prothorax rétréci en avant et à carènes latérales nulles.

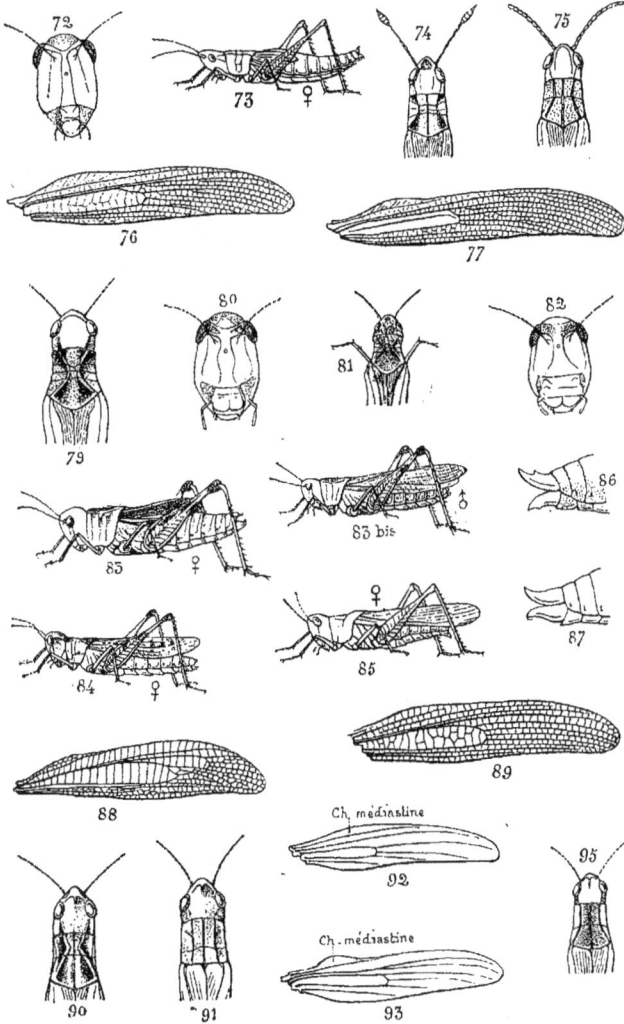

ORTHOPTÈRES DE FRANCE (C. Houlbert, del.)

1 { Tibias postérieurs rouges; élytres avec des taches brunes................. 2
 { Tibias postérieurs bleuâtres ou grisâtres; élytres sans taches brunes. *E. tergestina*

2 { Ailes bleuâtres.. *E. strepens*
 { Ailes incolores, transparentes (Fig. 85)...................... *E. thalassina*

1. E. tergestina Mühl. — Elytres sans taches brunes; taille 15-30 mill. — Prairies et pelouses au bord de la mer dans le sud-ouest de la France. — Août à septembre. — Rare.

2. E. strepens Latr. — Elytres brunes ornées de 2 ou 3 taches blanches; cuisses postérieures d'un rouge vif au côté interne, portant une large tache noire à la base; tibias postérieurs rouges; taille 18-28 mill. — Espèce méridionale et principalement de la Provence, lieux incultes. — Eté, automne. — Commune.

3. E. thalassina Fabr. (Fig. 85). — Corps d'un vert sombre; élytres; brunes; jambes postérieures rouges avec deux anneaux jaunes à la base; taille 17-25 mill. — Centre et midi de la France dans les lieux incultes et les prairies voisines des eaux. — Commune, mais localisée. — Août à octobre.

Nota. — J'ai pris abondamment cette espèce dans la Mayenne, au sommet des Coëvrons, à une altitude voisine de 400 mètres (Signal de Voutré). Ce fait est d'autant plus remarquable que tous les auteurs signalent *Ep. thalassina* comme habitant surtout les prairies humides.

27° Genre : **STENOBOTHRUS** Fischer.

Prothorax avec un seul sillon transversal et orné de trois carènes entières et bien distinctes; fossettes frontales bien marquées; les élytres, toujours bien développées chez les mâles, sont parfois abrégées chez les femelles.

1 { Valvules de l'oviscapte dentées extérieurement (Fig. 86)............... 2
 { Valvules de l'oviscapte non dentées extérieurement (Fig. 87)............. 5

2 { Nervures ulnaires non divisées ou légèrement divisées................. 3
 { Nervules ulnaires séparées et divergentes depuis la base.............. 4

3 (Elytres et ailes dépassant l'abdomen; élytres ornées, après le milieu,
 { d'une petite bande blanche oblique........................ *S. lineatus*
 (Elytres et ailes plus courtes que l'abdomen, ornées de taches brunes
 S. nigromaculatus

4 { Tibias postérieurs rouges.................................... *S. miniatus*
 { Tibias postérieurs d'un testacé pâle......................... *S. stigmaticus*

5 (Champ discoïdal (1) des élytres réticulé par des nervures parallèles
 { (Fig. 88).. 6
 (Champ discoïdal réticulé par des nervures transverses et irrégulières
 ((Fig. 89).. 7

6 { Ailes enfumées, brunes..................................... *S. morio*
 { Ailes transparentes, incolores............................. *S. apricarius*

7 (Carènes latérales du prothorax très anguleuses ou fortement courbées
 { (Fig. 90)... 8
 (Carènes latérales du prothorax droites ou presque droites (Fig. 91)........ 17

8 { Champ médiastine (2) des élytres régulièrement allongé (Fig. 92)......... 9
 { Champ médiastine des élytres très court et dilaté (Fig. 93)............. 12

(1) Champ discoïdal, espace compris entre la *nervure radiale postérieure* et la *nervure ulnaire antérieure* (Fig. 2).

(2) Champ médiastine, espace compris entre le bord antérieur de l'élytre et la *nervure médiastine* (Fig. 2).

<pre>
    ⎧ Prothorax faiblement bombé en dessus; dessus de la tête portant
  9 ⎨   une petite carène très courte............................... S. viridulus
    ⎩ Prothorax plan en dessus; dessus de la tête sans carène.................. 10
    ⎧ Corps d'un vert noirâtre; tibias postérieurs d'un rouge grisâtre;
 10 ⎨   palpes blancs à l'extrémité................................... S. rufipes
    ⎩ Corps d'un brun pâle; tibias postérieurs grisâtres; palpes unicolores........ 11
 11 ⎧ Abdomen des mâles rouge à l'extrémité.................. S. hæmorrhoidalis
    ⎨ Abdomen jaune à l'extrémité dans les deux sexes................ S. petræus
    ⎧ Sillon transversal placé après le milieu du prothorax, sternum peu
 12 ⎨   velu.. 13
    ⎨ Sillon transversal placé avant le milieu du prothorax, sternum très
    ⎩   velu.. 16
 13 ⎧ Tibias postérieurs d'un rouge vif.............................. 14
    ⎨ Tibias postérieurs gris ou d'un rouge grisâtre...................... 15
 14 ⎧ Tibias postérieurs rouges avec un anneau jaune à la base......... S. binotatus
    ⎨ Tibias postérieurs rouges dans toute leur longueur.... .... S. Saulcyi
 15 ⎧ Elytres aussi longues ou plus longues que l'abdomen.............. S vagans
    ⎨ Elytres plus courtes que l'abdomen............................ S. Finoti
 16 ⎧ Elytres des mâles très dilatées, à bord antérieur fortement arqué.. S. biguttulus
    ⎨ Elytres des mâles peu dilatées, à bord antérieur faiblement arqué .... S. bicolor
 17 ⎧ Tibias postérieurs rouges; taille grande, 24-31 millimètres........ S. jucundus
    ⎨ Tibias postérieurs gris ou bleuâtres; taille moyenne, 15-25 millimètres..... 18
 18 ⎧ Elytres et ailes bien développées, aussi longues que l'abdomen............ 19
    ⎨ Elytres et ailes plus courtes que l'abdomen.......................... 20
    ⎧ Carènes latérales du prothorax très droites; nervure radiale courbée
 19 ⎨   vers son milieu (Fig. 91).................................. S. elegans
    ⎨ Carènes latérales légèrement courbées en avant; nervure radiale très
    ⎩   droite (Fig. 95).. S. dorsatus
    ⎧ Sternum très poilu dans les mâles; corps de couleur jaune taché de
 20 ⎨   brun, sans parties vertes.............................. S. pulvinatus
    ⎨ Sternum peu velu dans les mâles; corps entièrement vert ou du
    ⎩   moins en partie... 21
 21 ⎧ Sillon transversal du prothorax placé au milieu............... S. longicornis
    ⎨ Sillon transversal du prothorax placé après le milieu............. S. parallelus
</pre>

1. S. lineatus Panz. (Fig. 96). — Elytres plus longues que l'abdomen, ornées d'une tache blanche oblique; très commun partout dans les prairies et dans les bois. — Juillet-octobre.

2. S. nigro-maculatus Her. — Cette espèce ressemble à la précédente, mais elle est plus rare ; elle se distingue de *S. lineatus* par ses élytres abrégées, elle habite les prairies des régions montagneuses, Plateau de Larzac (Aveyron). — Commune (D' Delmas, *in litt.*). — Automne.

3. S. stigmaticus Ramb. — Elytres un peu plus courtes que l'abdomen; taille 12-20 mill. — Paraît exister dans les prairies et les pelouses élevées d'une grande partie de la France. — Assez rare. — Août à septembre.

4. S. miniatus Charp. — Espèce très rare qui ne quitte pas les localités rocailleuses des hautes montagnes. — Alpes. — Août.

5. S. morio Fabr. — Cette espèce habite encore les régions montagneuses; elle se tient sur les pentes parmi les herbes ou les bruyères. — Rare. — Août, septembre.

6. S. apricarius L. — Sillon transversal placé sensiblement au milieu du prothorax, en arrière du sommet de l'angle rentrant fait par les carènes latérales; antennes longues. — Prairies marécageuses surtout dans le nord de la France. — Rare. — Août, septembre.

7. S. viridulus L. — Elytres sans taches; dessus de la tête muni d'une petite carène apicale; taille 12-24 mill. — Prairies des régions élevées; toute la France. — Rare. — Juillet à septembre.

8. **S. rufipes** Zetterst. — Corps d'un vert noirâtre; taille 15-20 mill.; abdomen rouge en dessus à l'extrémité; élytres portant une petite tache blanche oblique avant le sommet. — Très commune partout, en France, dans les prairies humides et sur les pelouses. — Automne.

9. **S. hæmorrhoidalis** Charp. — Abdomen des mâles rouge; taille 13-17 mill.; habite les bois, les taillis, les marais dans le nord; sa variété *S. Raymondi* se tient au contraire sur les collines sèches dans le midi. — Rares et très localisées. — Juillet à septembre.

10. **S. petræus** Bris. — Abdomen jaune; taille 12-16 mill.; espèce méridionale très rare; elle fréquente les lieux arides et pierreux. — Juillet à septembre.

11. **S. binotatus** Charp. — Espèce rare du sud-ouest de la France, reconnaissable à ses tibias postérieurs d'un rouge vif, coupés de deux anneaux jaunâtres à la base. — Ajoncs et bruyères dans les landes. — Rare. — Centre et midi, de juillet à septembre.

12. **S. Saulcyi** Krauss. — Voisine de la précédente; elle possède des tibias postérieurs rouges sans anneau jaune à la base. — Très rare. — Pyrénées, août à octobre.

NOTA. — M. Finot considère cette espèce comme une forme montagnarde de *S. binotatus*.

13. **S. vagans** Fieb. — Sillon transversal au milieu du prothorax; élytres d'un gris brun; taille 14-22 mill. — Lieux incultes, broussailles, bois rocailleux. — Centre et midi de la France. — Peu commune. — Juillet à octobre.

14. **S. Finoti** de Saulcy. — Mêmes caractères que la précédente; elle s'en distingue cependant par ses élytres qui n'atteignent pas l'extrémité de l'abdomen. — Mêmes localités. — Rare. — Pyrénées.

15. **S. bicolor** Charp. (Fig. 97). — Corps d'un gris brun; pattes antérieures et poitrine très velues; taille 15-24 mill.; carènes latérales très anguleuses. — Excessivement commun partout : prairies, champs cultivés, lieux secs et arides. — Août à novembre.

16. **S. biguttulus** L. — Espèce très voisine de la précédente, possédant la même coloration; taille 13-20 mill. — Commune dans toute la France : prairies sèches, pelouses arides, bois. — Août à octobre.

17. **S. jucundus** Fisch. — Espèce méridionale de grande taille, 24-31 mill. — Très rare. — Août, septembre.

18. **S. pulvinatus** F. de Wald. — Élytres et ailes bien développées dans les deux sexes; taille 16-24 mill. — Très commune partout en France : prairies, bois, lieux incultes. — Août à novembre.

19. **S. elegans** Charp. — Carènes latérales presque parallèles; élytres égales à l'abdomen; taille 14-18 mill. — Cette espèce est peu commune, cependant on la rencontre dans diverses localités de la France centrale et occidentale, ainsi qu'aux environs de Paris. — Prairies humides. — Août à octobre.

20. **S. dorsatus** Zetter. — Prothorax légèrement bosselé en dessus; taille 15-25 mill. — Commune partout dans les prairies marécageuses et les bois humides. — Août à septembre.

21. **S. longicornis** Lat. — Couleur variable; antennes égalant la moitié de la longueur du corps; sillon transversal du prothorax placé au milieu. — Très commun partout dans les prairies marécageuses où il est généralement confondu avec l'espèce suivante. — Eté, automne.

22. **S. parallelus** Zett. (Fig. 98). — Corps d'un vert foncé avec des taches

Feuille des Jeunes Naturalistes

IIIᵉ Série, 30ᵉ Année, pl. VII

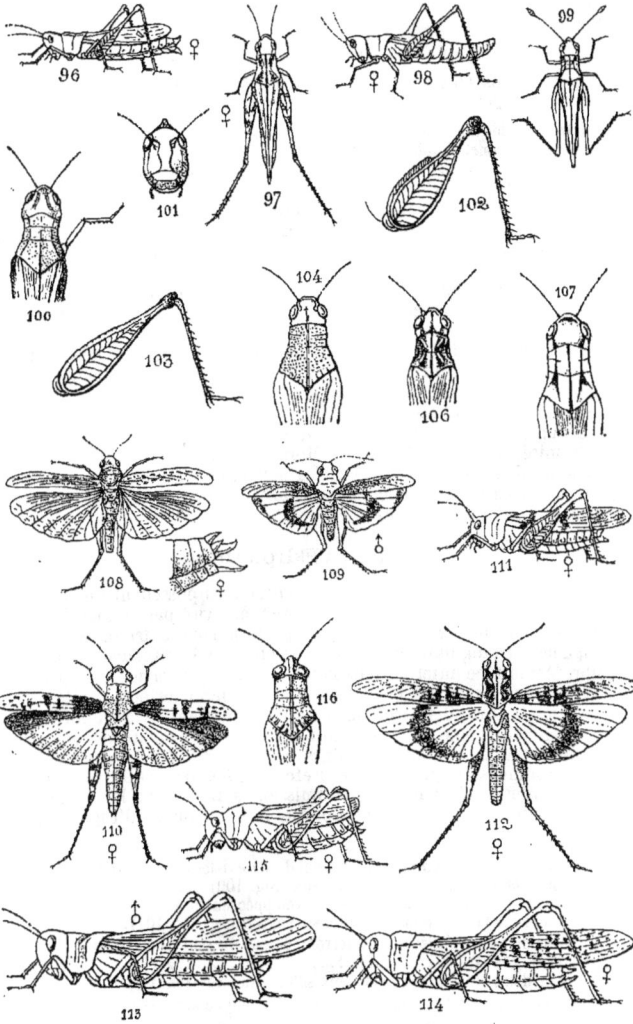

ORTHOPTÈRES DE FRANCE (O. Houlbert, del.)

noires sur l'abdomen; sillon transversal du prothorax placé après le milieu; taille 15-20 mill. Elytres et ailes très courtes. — Très commune partout dans les prairies au bord des rivières et dans les bois humides. — Juillet, octobre.

28° Genre : **GOMPHOCERUS** Thunb.

Ce genre, très voisin des Stenobothrus, s'en distingue nettement à première vue par ses antennes renflées en massue à l'extrémité.

1 { Elytres et ailes bien développées................................. 2
{ Elytres très courtes; ailes nulles............................. *G. brevipennis*

2 { Elytres avec une petite tache blanche oblique près de l'extrémité
{ (9-15 millimètres) (Fig. 99)............................ *G. maculatus*
{ Elytres sans tache blanche (16-18 millimètres)..................... 3

3 { Dernier article de la massue des antennes blanc................... *G. rufus*
{ Tous les articles de la massue des antennes de même couleur .... *G. sibiricus*

1. G. brevipennis Bris. — Elytres et ailes très abrégées; taille 15-20 mill. — Pelouses et prairies élevées des Pyrénées. — Très rare. — Août, septembre.

2. G. maculatus Thunb. (Fig. 99). — Couleur brune ou roussâtre; côtés du prothorax offrant un trait blanc oblique; massue des antennes entièrement noire. — Pelouses sèches, allées des bois et bord des routes. — Commune. — Août à novembre.

3. G. rufus L. — Corps d'un brun verdâtre; massue des antennes blanche à l'extrémité; taille 15-23 mill. — Moins commune que la précédente. — Prairies et allées des bois. — Juillet à novembre.

4. G. sibiricus L. — Espèce des montagnes : Alpes, Pyrénées; taille 20-22 mill. — Juillet à novembre.

IV° Tribu : **Œdipodidés**

Les Orthoptères de la tribu des Œdipodidés possèdent un facies tout particulier qui les fait reconnaître à première vue parmi tous les autres Acridiens. Leur tête est courte et ne porte jamais, entre les antennes, le prolongement triangulaire qu'on observe chez les Parapleuridés et les Sténobothridés; la face antérieure de la tête est presque verticale; le prothorax presque toujours rugueux en dessus est en général fortement rétréci dans sa moitié antérieure; il se prolonge en arrière en pointe triangulaire obtuse. Les cuisses postérieures portent des carènes très accentuées; les jambes sont garnies de deux rangées d'épines très fortes; *ailes colorées*.

Les Œdipodidés fréquentent de préférence les lieux caillouteux les plus secs et les plus arides; leurs ailes puissantes favorisent leur dispersion; aussi rencontre-t-on dans ce groupe un grand nombre d'espèces migratrices.

1 { Prothorax à carène médiane nulle; quand elle existe, elle est inter-
{ rompue par 1 ou 2 sillons transversaux (Fig. 100).................. 2
{ Prothorax avec une carène médiane développée en forme de crête,
{ mais non interrompue par les sillons transversaux (Fig. 101)............ 5

2 { Carène médiane bien distincte, interrompue par un seul sillon trans-
{ versal (Fig. 104)... 3
{ Carène médiane interrompue par deux sillons transversaux (Fig. 100)........ 4

3 { Cuisses postérieures à carène supérieure interrompue après le milieu
{ (Fig. 102)... ŒDIPODA
{ Cuisses postérieures à carène supérieure non interrompue (Fig. 103)... CELES

4 { Ailes bleuâtres; carène médiane du prothorax à peine distincte
  (Fig. 108).. SPHINGONOTUS
  Ailes roses à la base (très rarement incolores) (Fig. 109)........ ACROTYLUS

5 { Ailes rouges à la base, avec une bordure noire (Fig. 115).......... PSOPHUS
  Ailes transparentes ou colorées en jaune à la base...................... 6

6 { Prothorax portant en dessus 4 petites lignes blanches disposées en
  croix (Fig. 106).................................... 5. ŒDALEUS
  Prothorax sans lignes blanches en dessus (Fig. 107)....... 6. PACHYTYLUS

29ᵉ Genre : **SPHINGONOTUS** Fieber.

Carène médiane du prothorax à peine marquée ; ailes uniformément bleues ou bleuâtres vers la base, avec une fascie noire, ou transparentes sur la bordure.

1 { Ailes bleuâtres à la base, transparentes sur la bordure .... *S. cœrulans*
  Ailes bleuâtres, avec une bordure noire.............................. 2

2 { Bordure brune des ailes à bords très nets..................... *S. azurescens*
  Bordure brune des ailes à bords fondus................... *S. cyanopterus*

1. S. cœrulans L. (Fig. 108). — Elytres grises; ailes d'un bleu d'azur très pâle; taille 18-26 mill. — Centre et midi de la France, dans les lieux arides, surtout au bord des rivières. — Commune, principalement au-dessous de la Loire. — Juillet à septembre.

2. S. cyanopterus Charp. — Elytres grises; ailes bleuâtres avec une tache brune mal limitée; taille 17-20 mill. — Espèce du nord de la France. Bruyères, landes. — Rare. — Août à octobre.

3. S. azurescens Ramb. — Mêmes caractères que la précédente; seulement la tache brune des ailes est bien limitée; taille 18-25 mill. — Espèce méridionale très rare. — Août.

30ᵉ Genre : **ACROTYLUS** Fieber.

Corps velu; ailes roses avec une bande brune se terminant vers le milieu de l'aile.

1 { Antennes courtes, ne dépassant pas le prothorax (Fig. 109)....... *A. insubricus*
  Antennes longues, dépassant assez longuement le prothorax .... *A. patruelis*

1. A. insubricus Scopol. (Fig. 109). — Elytres brunes; face interne des cuisses postérieures noires; taille 15-25 mill. — Espèce méridionale assez commune dans les endroits sablonneux au voisinage des eaux. — Eté, automne.

2. A. patruelis Sturm. — Tibias postérieurs d'un bleu pâle ; taille 16-24 mill. — Littoral méditerranéen. — Très rare. — Eté, automne.

31ᵉ Genre : **CELES** de Sauss.

Prothorax très faiblement rétréci en avant avec le sillon transversal placé au milieu; tache des ailes ovale et située près du bord antérieur.

1. C. variabilis Pallas (Fig. 110). — Corps gris; ailes bleuâtres (roses dans la var. *subcœruleipennis*) avec une tache ovale brune près du sommet antérieur; taille 20-30 mill. — Environs de Montpellier ; environs de Millau (Aveyron) (Dʳ Delmas, *in litt.*). — Assez commune ; très localisée. — Juillet-octobre.

32ᵉ Genre : **ŒDIPODA** Latr.

Prothorax avec une carène médiane très distincte, interrompue par un seul sillon transversal ; ailes de deux couleurs. Les Œdipodes sont des insectes fréquentant les lieux arides bien ensoleillés et les champs cultivés.

1 { Ailes faiblement colorées à la base, bleu pâle ou rose pâle .... *O. Charpentieri*
  { Ailes vivement colorées à la base; bleues, roses ou jaunes 2

2 { Ailes rouges ou roses, avec une grande tache noire 3
  { Ailes bleues ou jaunâtres, avec une tache noire (Fig. 111)........ *O. cœrulescens*

3 { Tibias postérieurs bleuâtres avec des anneaux jaunes............. *O. miniata*
  { Tibias postérieurs d'un jaune roussâtre, de même couleur partout.... *O. gratiosa*

1. O. Charpentieri Fieb. — Corps gris cendré ou jaunâtre ; taille 18-24 mill. — Lieux arides de l'extrême midi de la France. — Très rare. — Septembre.

2. O. cœrulescens L. (= *Criquet à ailes bleues et noires* Geoff.) (Fig. 111). Corps d'un brun cendré ; ailes bleues bordées d'une large bande noire (jaunes verdâtres dans la var. *sulfurescens*); jambes postérieures d'un bleu clair ; taille 20-28 mill. — Commune partout dans les lieux arides et rocailleux bien ensoleillés et dans les champs cultivés. — Eté, automne.

Nota. — Une espèce voisine, très commune en Algérie et en Sicile, *Œ. fuscocincta* Luc., caractérisée par ses ailes d'un beau jaune à la base a été signalée en France : aux îles d'Hyères, par M. de Bormans ; à Narbonne par M. Marquet, mais M. Finot pense que, dans les deux cas, il y a eu confusion et que les espèces observées appartiennent plutôt à *Œ. cœrulescens*, var. *sulfurescens*.

3. O. miniata Pallas. — Mêmes caractères que la précédente, mais les ailes sont d'un rouge minium avec une bordure noire. — Automne. — Assez commune, surtout dans le Midi.

4. O. gratiosa Serv. — Corps d'un gris pâle avec des taches brunes; taille 18-25 mill. — Ailes à base rose; tibias postérieurs d'un roux grisâtre. — Rare. — Bords de la Loire. — Août, septembre.

33ᵉ Genre : **ŒDALEUS** Fieber.

Prothorax avec une carène médiane bien distincte et quatre lignes blanches disposées en croix. Une seule espèce.

1. Œ. nigrofasciatus de Geer. (Fig. 112). — Tête d'un vert jaunâtre ; élytres brunes variées de vert et de jaune; taille 20-36 mill. — Ailes d'un jaune verdâtre très pâle à la base, et possédant une large bande noire; tibias postérieurs rouges avec un anneau jaunâtre. — Champs, prairies sèches, lieux pierreux. — Centre et midi de la France. — Assez commune. — Août, septembre.

34ᵉ Genre : **PACHYTYLUS** Fieber.

Prothorax orné de chaque côté d'une bande brune; ailes hyalines ou d'un jaune très clair, ne présentant jamais de bordure brune.

1 { Tibias postérieurs jaunâtres; carène médiane du prothorax concave
  en son milieu.. *P. migratorius*
  { Tibias postérieurs rougeâtres, surtout dans les mâles; carène médiane
  convexe au milieu................................... *P. cinerascens*

1. P. migratorius L. (Fig. 113). — Corps d'un gris verdâtre, lisse; taille 35-55 mill. — Cette espèce, originaire de l'Europe orientale, entreprend de grandes migrations; sa présence en France n'est qu'accidentelle bien qu'on ait pu parfois la rencontrer jusqu'aux environs de Paris. — Août, septembre.

2. P. cinerascens Fab. (Fig. 114). — Corps gris; élytres mouchetées de taches brunes; tibias postérieurs rougeâtres; taille 35-60 mill. — C'est le plus grand des Acridiens français. Se rencontre surtout dans le midi de la France, mais remonte jusqu'aux environs de Paris. — Champs, terrains incultes, prairies. — Assez commune. — Août, septembre.

35° Genre : **PSOPHUS** Fieber.

Prothorax avec une carène médiane interrompue par un sillon transversal; fossettes frontales nulles. Une seule espèce.

1. **P. stridulus** L. (Fig. 115). — Corps brun; élytres marbrées de taches sombres; ailes d'un rouge vif bordées de noir à l'extrémité; taille 24-32 mill. — Centre et midi de la France, surtout dans les régions montagneuses; on la trouve sur les pelouses sèches et parmi les rochers. — Commun. — Juïllet à septembre.

V° Tribu : **Acrididés**

Cette tribu, pauvrement représentée en France, renferme des Insectes à facies variable; le caractère général qui permet de les réunir en un même groupe est la présence sur le prosternum, c'est-à-dire entre les deux pattes antérieures, d'un petit tubercule ou d'une saillie plus ou moins développée. Le prothorax est toujours coupé par trois sillons transversaux.

L'espèce la plus répandue en France et l'une des plus jolies en même temps est le *Caloptenus italicus*, très commune dans le centre et le midi. On la rencontre même parfois abondamment dans les champs cultivés et dans les prairies artificielles des environs de Paris.

1
- Prothorax en forme de toit dans sa moitié antérieure; carènes latérales nulles; taille, 50-70 millimètres (Fig. 116) .... ACRIDIUM
- Prothorax simplement arrondi; carènes latérales nulles ou très faiblement marquées. Elytres et ailes très courtes (Fig. 119) 2
- Prothorax à disque plan; carènes latérales très accentuées (Fig. 118) CALOPTENUS

2
- Carènes latérales nulles; prothorax coupé transversalement par 3 sillons fortement marqués (Fig. 119).................... PEZOTETTIX
- Carènes latérales très peu marquées; prothorax coupé transversalement par 3 sillons peu apparents (Fig. 120).............. PLATYPHYMA

36° Genre : **PLATYPHYMA** Fischer.

Corps d'un brun grisâtre; élytres et ailes très courtes; pointe sternale large et fortement comprimée, obtuse à l'extrémité. Une seule espèce.

1. **P. giornæ** Rossi (Fig. 121). — Tibias postérieurs d'un bleu grisâtre; taille 12-16 mill. — Très commune dans les régions méridionales; on la rencontre dans les herbes près des ruisseaux et jusque sur le rivage de la mer. — Provence, Languedoc, etc. — Juillet, août et jusqu'au printemps suivant.

37° Genre : **PEZOTETTIX** Burmeist.

Dans ce genre, les ailes et les élytres sont typiquement rudimentaires et impropres au vol; cependant on observe accidentellement des ailes bien développées chez *P. alpina*.

1
- Elytres très courtes (ou développées accidentellement)..................... 2
- Elytres complètement nulles........................... .... *P. pyrenæa*

2
- Tibias postérieurs d'un bleu vif avec un anneau blanc à la base (Fig. 122) *P. pedestris*
- Tibias postérieurs d'un violet grisâtre, jaunâtres à l'extrémité. .... *P. alpina*

1. **P. pyrenæa** Fisch. — Espèce très rare qui n'a été prise jusqu'ici que sur les pelouses élevées des Pyrénées. — Automne.

3

Feuille des Jeunes Naturalistes   IIIe Série, 30e Année, pl. VIII

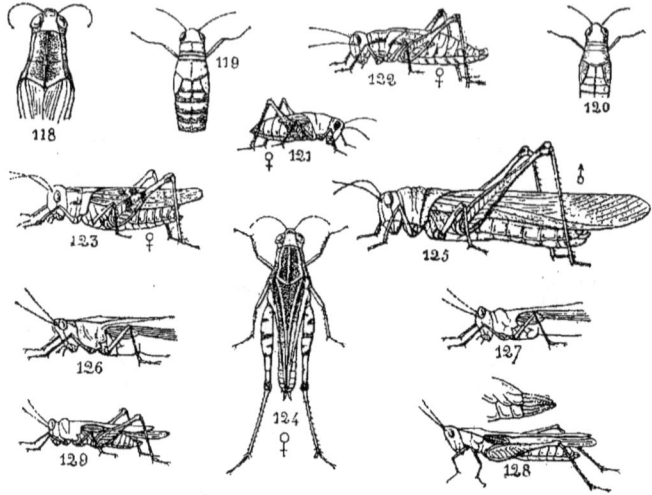

118   119   120   121   122 ♀   123 ♀   124 ♀   125   126   127   128   129

LOCUSTIDÉS

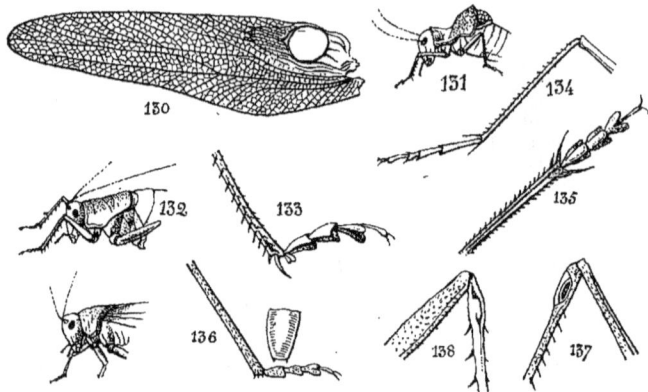

130   131   132   133   134   135   136   137   138

ORTHOPTÈRES DE FRANCE (C. Houlbert, del.)

2. **P. pedestris** L. (Fig. 122). — Corps luisant de couleur brune; taille 17-30 mill.; prothorax chagriné; canal des cuisses postérieures d'un rouge corail; jambes postérieures d'un bleu d'azur avec une tache blanchâtre à la base. — Sur les pelouses de la région des neiges dans les Alpes et les Pyrénées. — Peu commune. — Été, automne.

3. **P. alpina** Koll. — Cette espèce habite les prairies et les pâturages élevés des montagnes; on l'a signalée dans les Vosges, le Jura, l'Auvergne, etc. — Assez commune. — Août, septembre.

Nota. — Une variété à ailes bien développées a reçu de M. Brünner le nom de *collina*.

38° Genre : **CALOPTENUS** Burmeister.

Outre la forme obtuse de la pointe prosternale, ce genre se distingue encore par son prothorax à disque plan et par la forme des appendices abdominaux des mâles creusés en cuiller à l'extrémité. Une seule espèce.

1. **C. italicus** L. (Fig. 123). — Corps d'un brun gris ou d'un brun roussâtre avec des taches noires irrégulières; canal inférieur des cuisses postérieures rouge, ainsi que la face interne; jambes postérieures rouges. Ailes rouges, transparentes sur les bords seulement. — Très commune dans les moissons et dans les endroits incultes. — Août à octobre.

Il existe plusieurs variétés :

Marginellus Serv. (Fig. 124). — Possède sur les côtés du prothorax des bandes jaunes longitudinales qui se prolongent jusqu'à l'extrémité des élytres.

Ictericus Serv. — Espèce méridionale; les élytres sont un peu plus courtes que l'abdomen.

Siculus Burm. — Les ailes sont incolores dans toute leur étendue.

39° Genre : **ACRIDIUM** Latr.

Ce genre se distingue de tous les autres Acridiens par la plaque sous-anale des mâles qui est tricuspide. Une seule espèce.

1. **A. Ægyptium** L. (Fig. 125). — Corps d'un vert jaunâtre; prothorax chagriné avec la carène médiane très convexe et fortement échancré par les trois sillons transversaux; cuisses postérieures bordées de rouge en dessous; jambes et tarses postérieurs d'un bleu grisâtre; taille 45-70 mill. — Cette espèce appartient à l'extrême midi de la France; elle est assez commune et se tient de préférence sur les arbres et sur les arbrisseaux. — Octobre à avril.

VI° Tribu : **Tétricidés**

Les Tétricidés se distinguent aisément de tous les autres Acridiens par leur prothorax qui se prolonge en arrière de manière à couvrir entièrement l'abdomen; les antennes n'ont que 12-15 articles; les élytres sont très petites et cachées sous le prolongement du prothorax; il n'existe pas de pelote entre les crochets des tarses.

Ce sont des Insectes très agiles qu'on rencontre dans les allées des bois, sur les bordures des routes et parfois même dans les lieux humides et marécageux (*T. subulata*).

1 { Front prolongé très nettement *en avant* des yeux (Fig. 126) ...... 1. Tetrix
{ Front prolongé faiblement *entre* les deux yeux (Fig. 127) .... 2. Paratettix

40° Genre : **TETRIX** Charpent.

Caractères de la tribu. La taille de ces insectes est fort variable; leur coloration dominante est le gris uniforme plus ou moins moucheté de brun.

1 { Carène médiane du prothorax vue de profil, sinuée au milieu ...... *T. depressa*
{ Carène médiane, non sinuée.... 2

2 { Carène médiane peu élevée; prothorax dépassant le sommet des cuisses postérieures (Fig. 128)... .... *T. subulata*
{ Carène médiane très saillante; prothorax atteignant à peine le sommet des cuisses postérieures.................................... *T. bipunctata*

1. T. depressa Brisout. — Longueur totale du corps 8-10 mill. — Dans les marais et au bord des ruisseaux; c'est une espèce méridionale, mais qu'on peut rencontrer aux environs de Paris. — Toute l'année.

2. T. subulata L. (Fig. 128). — Prolongement du prothorax dépassant très longuement l'extrémité de l'abdomen. — Toute la France; bois humides, marécages, fossés inondés au bord des chemins. — Depuis le printemps jusqu'à l'entrée de l'hiver.

3. T. bipunctata L. — Prothorax égal à l'abdomen ou à peine plus long; carène médiane élevée et tranchante. — Très commun partout, dans les bois, les champs arides, le bord des routes. — Printemps à automne.

NOTA. — Une espèce très voisine, *T. Kraussi* de Saulcy, a été signalée dans la Meuse.

41° Genre : **PARATETTIX** Bolivar.

Ce genre, très voisin du précédent, d'où il a été tiré par Bolivar, ne s'en distingue, en réalité, que par la partie antérieure du front qui s'avance entre les deux yeux sans les dépasser.

1. P. meridionalis Ramb. (Fig. 129). — Espèce méridionale vivant dans les endroits marécageux et sur certaines plages maritimes; taille 8-13 mill. — Commun au printemps et à l'automne.

VIᵉ Famille : LOCUSTAIRES (*Sauterelles*)

Les Locustaires sont des insectes allongés appartenant au groupe des Orthoptères sauteurs; leurs couleurs dominantes sont le vert ou le brun. On les distingue facilement des Acridiens (auxquels ils ressemblent) par leurs antennes très fines et très allongées, par leurs *tarses de quatre articles* et par la forme de l'oviscapte des femelles.

Les mâles (quelquefois aussi les femelles : *Éphippiger*), possèdent un organe de stridulation situé à la base des élytres; cet organe, qui produit parfois un son très perçant, malgré ses faibles dimensions (*Locusta*), est constitué par une sorte de cadre chitineux entourant une membrane transparente (*membrane tympanique*); c'est toujours l'élytre droite qui porte la membrane tympanique. Sur l'élytre gauche se trouve une nervure dentée disposée de manière à frotter le bord du cadre comme le ferait un archet; le bruit résulte d'un mouvement rapide des élytres l'une contre l'autre (Fig. 130).

Au contraire, chez les Acridiens (*Criquets*), le chant est produit par le frottement des cuisses postérieures sur les nervures saillantes des élytres.

Tous les Locustidés se nourrissent de végétaux; mais comme ils ne se

IIIᵉ Série, 30ᵉ Année, pl. IX

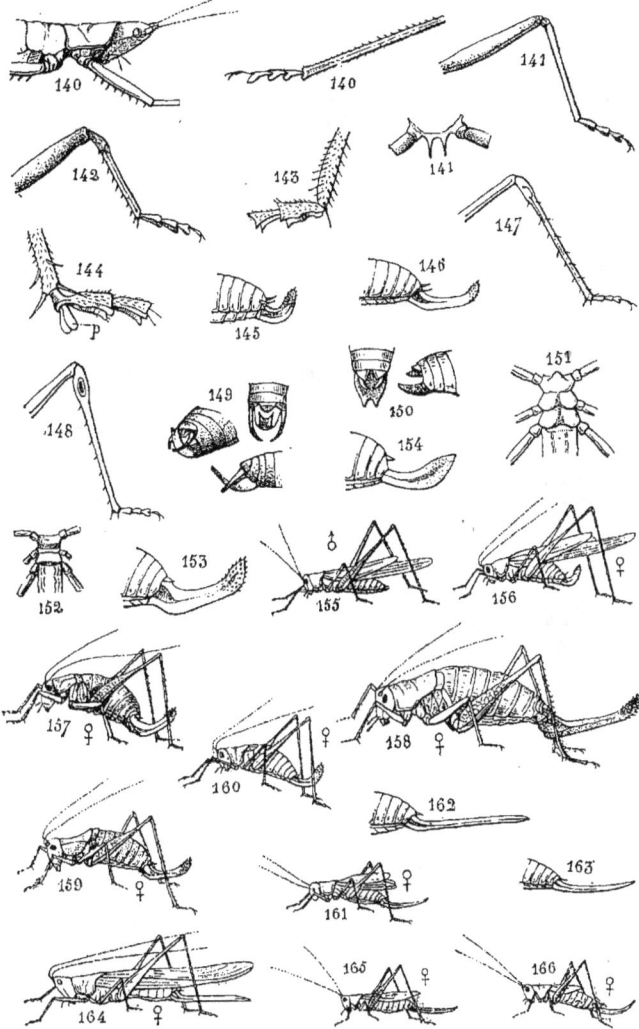

ORTHOPTÈRES DE FRANCE (C. Houlbert, del.)

développent jamais en nombre immense comme les Criquets, ils ne causent pas de véritables dommages à l'agriculture; on les rencontre partout, dans les prairies, dans les champs cultivés, dans les clairières des bois et sur les buissons.

La grande Sauterelle verte (*Locusta viridissima*) grimpe fréquemment sur les arbres; là, elle fait entendre, dans les soirées les plus chaudes de l'été, un chant monotone qui se prolonge jusqu'au milieu de la nuit.

Cette famille est représentée, en France, par une cinquantaine d'espèces environ, mais la plupart de ces espèces sont méridionales; le tiers à peine habite le centre et les départements septentrionaux.

TABLEAU DES TRIBUS

1 { Prothorax en forme de selle (Fig. 131)............ IV° EPHIPPIGÉRIDÉS
{ Prothorax à disque plan ou arrondi en dos d'âne (Fig. 131)............... 2

2 { Tarses aplatis *verticalement* et creusés en gouttière en dessous; tibias antérieurs munis de trous auditifs ouverts, conchiformes ou fermés (Fig. 136)............ 3
{ Tarses allongés et comprimés latéralement; tibias antérieurs sans trous auditifs (Fig. 134)............ VIII° STÉNOPELMATIDÉS

3 { Les deux premiers articles des tarses sillonnés latéralement (Fig. 135)...... 4
{ Les deux premiers articles des tarses arrondis latéralement (Fig. 136)...................... I° PHANÉROPTÉRIDÉS

4 { Trous auditifs des tibias antérieurs ouverts (Fig. 137).... II° MÉCONÉMIDÉS
{ Trous auditifs des tibias antérieurs en forme de fente (Fig. 138)........... 5

5 { Tibias postérieurs munis *en dessus*, de chaque côté *d'une épine apicale* au moins (Fig. 135)............ 6
{ Tibias postérieurs sans épine apicale en dessus; front fortement incliné en avant (Fig. 140)...................... VII° SAGIDÉS

6 { *Tibias antérieurs arrondis*, non sillonnés sur les côtés; front pointu, prosternum bidenté (Fig. 141)................. III° CONOCÉPHALIDÉS
{ Tibias antérieurs *sillonnés* longitudinalement sur les côtés, front arrondi (Fig. 142)........................ 7

7 { Premier article des tarses postérieurs n'ayant en dessous aucune plantule libre, prosternum à deux épines (Fig. 143)..... IV° LOCUSTIDÉS
{ Premier article des tarses postérieurs muni en dessous de plantules libres (*p*), prosternum à deux épines ou inerme (Fig. 144). V° DECTICIDÉS

Ire Tribu : **Phanéroptéridés**

Cette tribu tire son nom du genre *Phaneroptera*; elle est composée d'insectes variés, de taille grande ou moyenne, caractérisés principalement par leurs antennes glabres et la forme spéciale de l'oviscapte des femelles.

Les *Tylopsis* et les *Phaneroptera* sont certainement les insectes les plus élégants et les plus parfaits de toute cette tribu; ils ont un aspect gracieux; la tête est petite, le corps est étroit et effilé; les ailes, bien développées, dépassent toujours les élytres et l'abdomen.

Les espèces aptères ou à ailes rudimentaires semblent, à première vue, s'éloigner beaucoup de ce plan morphologique, mais c'est là une simple apparence; si on leur restituait, en effet, par la pensée, les ailes et les élytres qui leur manquent, on retrouverait le facies général des *Phanéroptérides* ailés.

Les caractères principaux sont les suivants : le prothorax est étroit et arrondi; les pattes sont allongées et grêles ; le prosternum ne présente

jamais les pointes qu'on observe souvent chez les autres Locustidés. Les antennes sont fines et beaucoup plus longues que le corps.
La tribu des Phanéroptéridés comprend sept genres.

1 { Elytres et ailes bien développées, plus longues que l'abdomen, oviscapte court (Fig. 145).. 2
{ Elytres beaucoup plus courtes que l'abdomen ; ailes rudimentaires ou nulles, oviscapte plus ou moins long (Fig. 146)...................... 3

2 { Jambes antérieures munies de petites épines en dessus ; trous auditifs en fente (Fig. 147) .... TYLOPSIS
{ Jambes antérieures sans épines en dessus ; trous auditifs ouverts (Fig. 148).. PHANEROPTERA

3 { Plaque sous-anale des mâles relevée entre les deux appendices qui terminent l'abdomen (Fig. 149)................................ 4
{ Plaque sous-anale des mâles non relevée entre les appendices abdominaux (Fig. 150).. ISOPHYA

4 { Mésosternum et métasternum munis en arrière de lobes couvrant les trous basilaires (Fig. 151) .... ORPHANIA
{ Mésosternum et métasternum non munis de lobes (Fig. 152)............. 5

5 { Oviscapte courbé en faux, fortement denté en scie à son extrémité (Fig. 153).. BARBITISTES
{ Oviscapte court, comprimé et courbé régulièrement, non denté en scie (Fig. 154).. LEPTOPHYES

42ᵉ Genre : TYLOPSIS Fieber.

Ce genre est extrêmement voisin des *Phaneroptera*, il ne s'en distingue réellement que par la présence des épines sur les jambes antérieures et par les trous auditifs en forme de fente courbée. Une seule espèce en France.
1. T. liliifolia Fab. (Fig. 155). — Prothorax lisse à disque rétréci ; corps entièrement d'un vert tendre ; taille 15-23 mill. — Littoral méditerranéen ; lieux incultes et clairières des bois. — Commune. — Eté, automne.

43ᵉ Genre : PHANEROPTERA Serville.

Ailes et élytres d'un beau vert velouté plus longues que l'abdomen, parsemées de points bruns ainsi que le prothorax.

1 { Elytres atteignant *à peine* l'extrémité des cuisses postérieures (Fig. 156) *Ph. falcata*
{ Elytres dépassant *toujours* l'extrémité des cuisses postérieures. *Ph. quadripunctata*

1. Ph. falcata Scop. (Fig. 156). — Corps d'un vert d'herbe ; taille 16-18 mill. ; cette espèce se rencontre à peu près partout en France ; on la trouve sur les herbes basses et sur les buissons à la lisière des bois, dans les clairières, dans les landes incultes, etc. — Commune. — De juillet à octobre.
2. Ph. quadripunctata Brünner. — Espèce méridionale vivant sur les buissons et sur les herbes dans les landes incultes ; taille 12-18 mill. — Rare. — Eté, automne.

44ᵉ Genre : ISOPHYA Brünner.

Corps lisse, de couleur verte mêlée de jaune ; élytres atteignant à peine le tiers de l'abdomen. Une seule espèce française.
1. I. pyrenæa Serv. (Fig. 157). — Prairies des Pyrénées ; sur la terre et sur les buissons. — Rare. — Juillet à septembre.

45ᵉ Genre : **ORPHANIA** Fischer.

Insecte long de 3-4 centimètres, c'est le géant de la tribu des Phanérop-térides; il a la taille et l'aspect d'un Ephippiger; corps d'un vert velouté chez les femelles, brun chez les mâles.

Antennes plus courtes que l'abdomen.

L'oviscapte des femelles est allongé, mais élargi et fortement denté à l'extrémité.

1. **O. denticauda** Charp. (Fig. 158). — D'après M. Finot, cette grande espèce habite la plupart des montagnes de la France, dans les parties les plus élevées. On la trouve dans les prairies et dans les grandes herbes d'août à octobre. — Peu commune.

46ᵉ Genre : **BARBITISTES** Charp.

Antennes beaucoup plus longues que le corps, rapprochées à leur inser-tion; tubercule frontal étroit.

1 { Taille 15-17 millimètres, espèce des montagnes (Fig. 159)....... *B. serricauda*
{ Taille 21-23 millimètres, espèce méridionale.................. .... *B. Fischeri*

1. **B. serricauda** Fab. (Fig. 159). — On peut recueillir cette espèce d'août à septembre dans les clairières des bois, principalement dans les mon-tagnes, Vosges, Alpes, environs de Sens, collines boisées (Houlb.), etc. — Rare. — Automne.

2. **B. Fischeri** Yersin. — Littoral de la Provence. — Rare. — Juillet-août.

47ᵉ Genre : **LEPTOPHYES** Fieber.

Insecte de petite taille, ponctué de brun; élytres courtes.

1. **L. punctatissima** Bosc. (Fig. 160). — Presque toute la France; dans les bois, dans les marais, sur les haies. — De septembre à octobre. — Vers la fin de l'été on la rencontre fréquemment le long des murs dans les villes. — Peu commune. — Automne.

IIᵉ Tribu : **Méconémidés**

Cette famille ne comprend que le seul genre *Meconema*. L'unique *M. varia* que l'on rencontre dans le centre et le nord de la France, possède une cou-leur vert pâle; les élytres et les ailes sont bien développées; les ailes, égales aux élytres, dépassent l'extrémité de l'abdomen.

Le prosternum ne porte pas de pointes.

La tête est engagée dans le prothorax; celui-ci est court et arrondi; ses carènes latérales sont peu prononcées. L'oviscapte des femelles est allongé mais peu recourbé en dessus; antennes beaucoup plus longues que le corps.

48ᵉ Genre : **MECONEMA** Serville.

Petits Locustidés d'un vert glauque vivant sur les arbres et sur les arbustes.

1 { Elytres et ailes bien développées (Fig. 161) .... *M. varia*
{ Elytres très courtes; ailes nulles................. .... *M. brevipennis*

1. **M. brevipennis** Yersin. — Corps d'un vert pâle; taille 9-13 mill. — Espèce très rare observée une seule fois dans les environs d'Hyères.

M. Finot suppose qu'elle habite plutôt les bois et les forêts dans la région des Maures.

2. **M. varia** Fabr. (Fig. 161). — Presque toute la France ; on peut la prendre au parapluie en battant les arbustes des haies et les buissons; on la rencontre également le long des murs où elle grimpe à l'arrière-saison. — Août-octobre. — Peu commune, sauf en quelques localités (1).

IIIᵉ Tribu : Conocéphalidés

Cette tribu est composée d'insectes élégants, de taille petite ou moyenne, caractérisés par la face antérieure de leur tête fortement inclinée en avant, leur tête porte en outre un tubercule distinct entre les antennes, ce qui lui donne une forme pointue d'où le nom de *Conocephalus*.

Le prothorax est court à carènes latérales peu prononcées. L'oviscapte des femelles est étroit, généralement droit ou faiblement courbé en dessus. Elytres et ailes ordinairement bien développées, dépassant souvent l'abdomen au repos; insectes verts (*Conocephalus*) ou légèrement teintés de brun (*Xiphidion*).

1 ⎰ Oviscapte très droit, de couleur verte ; taille grande 25-30 millimètres (Fig. 162) .... CONOCEPHALUS
  ⎱ Oviscapte brun, plus ou moins courbé en dessus; taille petite 12-20 millimètres (Fig. 163)................................. XIPHIDION

49ᵉ Genre : CONOCEPHALUS Thunb.

Une seule espèce; corps, élytres et ailes d'un beau vert uniforme; mandibules orangées; oviscapte presque droit.

1. **C. mandibularis** Charp. (Fig. 164). — Espèce commune dans les prairies marécageuses ou au bord des rivières. — De juillet à septembre.

50ᵉ Genre : XIPHIDION Serville.

Elytres brunes ou presque transparentes; ailes étroites pointues à l'extrémité.

1 ⎰ Elytres et ailes *plus longues* que l'abdomen; oviscapte presque droit (Fig. 165).. *X. fuscum* (2)
  ⎱ Elytres et ailes *plus courtes* que l'abdomen ; oviscapte courbé en dessus (Fig. 166) .... *X. dorsale*

1. **X. fuscum** Fabr. (Fig. 165). — Cette espèce est très commune dans les landes humides et dans les prairies marécageuses ; en outre des caractères qui précèdent on la reconnaîtra à son prothorax orné au milieu d'une bande brune, bordé par des lignes blanches de chaque côté. — Juillet à octobre.

2. **X. dorsale** Latr. (Fig. 166). — Mêmes localités que la précédente, mais généralement plus rare et plus précoce. — Juillet à septembre.

(1) Une autre espèce très rare *M. brevipennis* Yersin, caractérisée par ses ailes abrégées, a été trouvée aux environs d'Hyères.

(2) Une espèce très voisine, *X. thoracicum* dont l'oviscapte est légèrement courbé, a été observée dans le midi de la France : elle est rare, et M. Finot se demande si on doit la considérer comme une espèce valable.

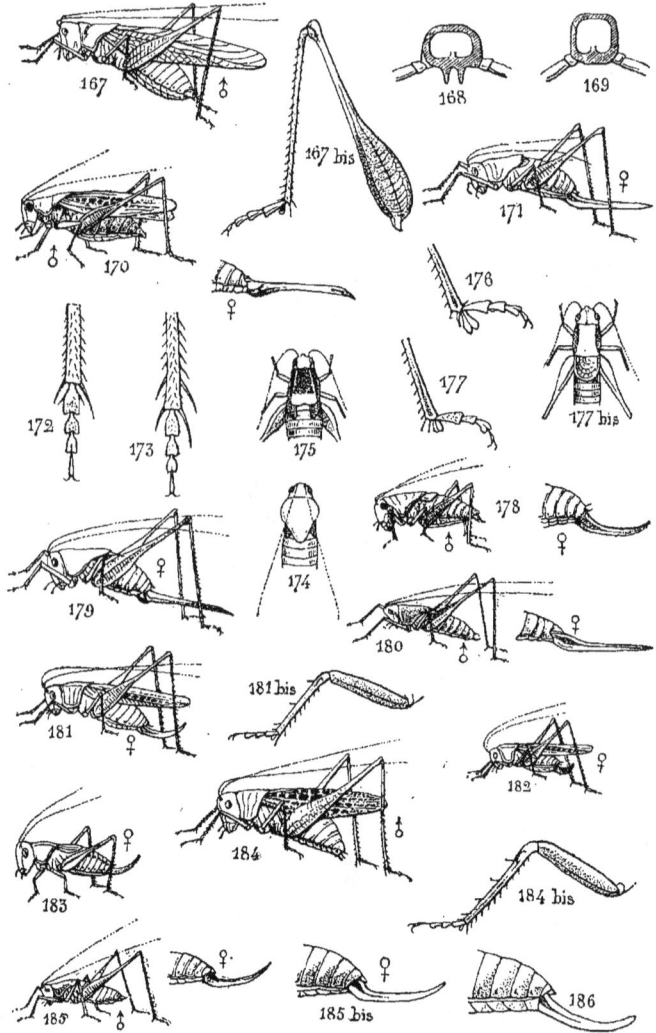

ORTHOPTÈRES DE FRANCE (C. Houlbert, del.)

IVᵉ Tribu : **Locustidés**

Tout le monde connaît la grande Sauterelle verte qui est le type et l'unique représentant, pour une grande partie de la France, de la tribu des Locustidés.

Sa tête, légèrement conique en avant, l'avait fait considérer comme un *Conocephalus* par Thunberg (*Mém.*, t. V, p. 278).

Le prothorax est aplati en dessus et porte des carènes latérales peu prononcées, mais très nettes.

Le prosternum est muni de deux dents pointues; l'oviscapte des femelles a la forme d'une lame de sabre, c'est pourquoi Geoffroy, dans son langage pittoresque, lui avait donné le nom de *Sauterelle à coutelas* (*Insectes*, t. I, p. 398).

Elytres et ailes vertes bien développées, dépassant un peu l'abdomen; à la base des élytres, chez les mâles, se trouve un organe stridulant dont la description et la figure ont été données page 147 et Fig. 130.

51ᵉ Genre : **LOCUSTA** de Geer.

Tête lisse, possédant un tubercule frontal court; oviscapte presque droit.

1
{ Elytres plus longues que les cuisses postérieures; oviscapte n'atteignant pas l'extrémité des élytres (Fig. 167).................. *L. viridissima*
{ Elytres un peu plus courtes que les cuisses postérieures; oviscapte dépassant beaucoup l'extrémité des élytres..................... *L. cantans*

1. **L. viridissima** L. (Fig. 167). — La grande Sauterelle verte est commune dans toute la France ; elle se trouve dans les prairies, dans les moissons et sur les buissons, etc. On trouve fréquemment, dans les prairies tourbeuses de la vallée de la Vanne, aux environs de Sens, une variété présentant une couleur jaune uniforme. — Eté.

2. **L. cantans** Fuessly. — Espèce des montagnes. — Vosges, Alpes, Pyrénées. — Juillet à septembre.

Vᵉ Tribu : **Decticidés**

Tribu riche en genres et en espèces ; les insectes qui la composent possèdent un ensemble de caractères qui leur donne un facies bien particulier.

Les plus grandes espèces (*Decticus*) sont des Orthoptères lourds, à forme ramassée et peu élégants; sauf quelques Platycleis à ailes très développées, les Decticides volent peu; ils se contentent de sauter maladroitement quand on les poursuit, mais ils se laissent pourtant difficilement capturer; leurs mouvements sont très vifs et très précipités.

L'un des caractères les plus généraux des Decticides est la forme courbe de leurs pattes antérieures et la réticulation toute particulière de la face antérieure des cuisses (Fig. 167 *bis*).

Huit genres existent en France, mais trois seulement, *Platycleis*, *Decticus* et *Thamnotrizon* sont représentés, par quelques-unes de leurs espèces jusque sous la latitude de Paris; les autres appartiennent à la région méditerranéenne ou à la faune alpine des montagnes.

La couleur la plus répandue est le brun, le gris ou le vert foncé; les Decticidés se distinguent ainsi des autres Locustaires, précédemment étudiés, où le vert tendre domine toujours. Quand elles existent, les élytres et les ailes sont marquées de taches losangiques disposées régulièrement.

Prosternum mutique ou bidenté.

Tête large, à face luisante et élargie vers le bas.

Prothorax à disque plan, sensiblement rétréci en avant et pourvu de carènes distinctes chez les Decticidés proprement dits, mais arrondi en dos d'âne chez les Thamnotrizon.

1 { Prosternum muni de deux épines (Fig. 168)................................ 2
{ Prosternum sans épines (Fig. 169)..................................... 6

2 { Elytres et ailes bien développées, un peu plus longues que l'abdomen
{ (Fig. 170)..
{ Elytres en forme d'écailles, beaucoup plus courtes que l'abdomen; ...... GAMPSOCLEIS
{ ailes nulles (Fig. 171).. 3

3 { Tibias postérieurs portant deux épines apicales; oviscapte droit (Fig. 172).... 4
{ Tibias postérieurs portant quatre épines apicales; oviscapte légère-
{ ment courbé en dessus (Fig. 173)...................................

4 { Prothorax en triangle plus ou moins arrondi en arrière (Fig. 174)......... ANALOTA
{ Prothorax tronqué en arrière (Fig. 175)............................... 5

5 { Plantules égalant le premier article des tarses (Fig. 176)........ ANTAXIUS
{ Plantules plus courtes que le premier art. des tarses (Fig. 177). RHACOCLEIS

6 { Elytres et ailes bien développées ou simplement abrégées, mais jamais THYREONOTUS
{ en forme d'écailles (Fig. 181-183-184)...............................
{ Elytres en forme d'écailles; ailes nulles (Fig. 177 bis)................. 7
{ 8

7 { Tibias antérieurs à trois épines en dessus; taille petite ou médiocre
{ (Fig. 181 bis)..
{ Tibias antérieurs à quatre épines en dessus; taille grande (Fig. 184 bis) PLATYCLEIS
{ .... DECTICUS

8 { Tibias postérieurs portant en dessous deux épines terminales; ovis-
{ capte courbé en faux (Fig. 185 bis)................................. ANTERASTES
{ Tibias postérieurs portant en dessous quatre épines terminales; ovis-
{ capte courbé régulièrement (Fig. 187 bis)............. THAMNOTRIZON

52e Genre : **GAMPSOCLEIS** Fieber.

Elytres et ailes bien développées, d'un vert glauque mélangé de gris.

1. **G. glabra** Herbst (Fig. 170). — Très belle espèce ressemblant à un Platycleis; elle en diffère par son prosternum bidenté et par son oviscapte courbé en dessous.

Prairies élevées des montagnes. — Très rare. — Vosges.

53e Genre : **ANTAXIUS** Brünner.

Les plantules des tarses sont très courtes; l'oviscapte est très droit.

1 { Prothorax échancré au milieu du bord postérieur; couleur brune ou
{ brun verdâtre (Fig. 175)... A. pedestris
{ Prothorax non échancré au milieu du bord postérieur.......... A. sorrezensis

1. **A. pedestris** Fab. (Fig. 171). — Corps brun ou verdâtre ; taille 18-23 mill. — Sous les buissons au bord des cours d'eau.— Midi de la France. — Rare. — Juillet à septembre.

NOTA. — Une autre espèce très rare et voisine de la précédente, A. hispanicus, a été rencontrée une seule fois dans les Pyrénées-Orientales, par M. de Saulcy (Canigou).

2. **A. Sorrezensis** Marquet. — Corps d'un vert vif; taille 22 mill., ♀. Sur les arbustes et les arbrisseaux. — Très rare. — Montagne-Noire.

54ᵉ Genre : **ANALOTA** Brünner.

Antennes courtes; prothorax faiblement caréné au milieu; oviscapte très peu courbé.

    1. **A. alpina** Yersin (Fig. 178). — Corps vert lavé de brun ; taille 14-22 mill. — Régions élevées des montagnes, Alpes. — Rare. — Juillet à septembre.

55ᵉ Genre : **THYREONOTUS** Serville.

Tête grosse, lisse; prothorax sans carènes et prolongé au-dessus de l'abdomen en forme de triangle arrondi; prosternum, mésosternum et métasternum bidentés.

    1. **Th. corsicus** Serv. (Fig. 179). — Corps d'un brun jaunâtre; ailes nulles; taille 22-30 mill. — Sur les buissons dans le midi de la France. — Très rare. — Eté, automne.

56ᵉ Genre : **RHACOCLEIS** Fieber.

Antennes très longues; prothorax prolongé en arrière sous forme de pointe triangulaire; mésosternum et métasternum munis de lobes triangulaires.

    1. **Rh. discrepans** Fieb. (Fig. 180). — Corps brun plus ou moins grisâtre; prothorax avec une ligne médiane pâle; taille 16-26 mill. — Provence; terrains rocailleux en friche. — Rare. — Automne.

57ᵉ Genre : **PLATYCLEIS** Fieber.

Ce genre comprend des formes complètement aptères ou à ailes rudimentaires et d'autres formes à ailes et élytres bien développées; les élytres, quand elles existent sont marquées de taches brunes disposées avec régularité.

1	Elytres et ailes bien développées dépassant longuement l'abdomen; prothorax à carènes latérales bien distinctes (Fig. 181)	2
	Elytres et ailes plus longues que la moitié de l'abdomen mais ne le dépassant pas; prothorax à carènes latérales faiblement marquées en arrière	5
	Elytres plus courtes que la moitié de l'abdomen; ailes rudimentaires ou nulles; prothorax à carènes latérales peu prononcées (Fig. 183)	6
2	Oviscapte peu courbé, atteignant une fois et demie la longueur du prothorax	3
	Oviscapte courbé à angle dès la base, à peine plus long que le prothorax	*P. tessellata*
3	Longueur du corps 16-18 millim.; 7ᵉ segment ventral des femelles plan. *P. grisea*	
	Longueur du corps 22-25 millim.; 7ᵉ segment ventral des femelles bossu	4
4	Oviscapte courbé en faux; 6ᵉ segment abdominal plan	*P. intermedia*
	Oviscapte presque droit; 6ᵉ segment abdominal bossu	*P. affinis*
5	Côtés du prothorax plus foncés que le disque	*P. Marqueti*
	Côtés du prothorax moins foncés que le disque	*P. Buyssoni*
6	Oviscapte courbé régulièrement en arc, ayant deux fois la long. du prothorax	7
	Oviscapte courbé à angle près de la base	9
7	Prothorax arrondi en dessus, bordé de blanc tout autour; taille 20-25 millimètres	*P. sepium*
	Prothorax plan en dessus, bordé de blanc seulement en arrière; taille 12-18 millimètres	8

8 { Elytres d'un vert vif; plus courtes que la moitié de l'abdomen.. *P. brachyptera*
{ Elytres d'un vert olive; égalant à peu près la moitié de l'abdomen *P. Saussureana*

9 { Plaque sous-génitale des femelles carénée; cerques des mâles dentés
{ jusqu'aux 2/3... *P. Rœselii*
{ Plaque sous-génitale des femelles arrondie mais non carénée; cerques
{ des mâles dentés à l'extrémité seulement.................... *P. bicolor*

1. **P. grisea** Fabr. (Fig. 181). — Corps d'un brun grisâtre; élytres longues, dépassant beaucoup l'abdomen; oviscapte d'un brun luisant à l'extrémité. — Très commune dans les champs cultivés. — Août-octobre.

2. **P. intermedia** Serv. — Cette espèce qui ressemble beaucoup à *P. grisea*, habite le midi de la France, surtout le Languedoc et la Provence. — Terrains incultes. — Juillet-août.

3. **P. affinis** Fieber. — Mêmes localités et mêmes caractères que *P. intermedia*. — Provence. — Rare. — Juillet-août.

4. **P. tessellata** Charp. (Fig. 182). — Ressemblant à *P. grisea*, mais beaucoup plus petite; oviscapte large à sa base et recourbé en dessus. — Collines sèches, bords des chemins. — Assez commune. — Août-octobre.

5. **P. Marqueti** de Saulcy. — Corps d'un brun verdâtre; élytres atteignant l'extrémité de l'abdomen dans les mâles; taille 15-18 mill. — Prairies; sud-ouest de la France. — Rare. — Automne.

6. **P. Buyssoni** de Saulcy. — Corps d'un gris verdâtre; élytres vertes légèrement rembrunies; taille 18-24 mill. — Parmi les joncs, dans les prairies marécageuses du midi de la France. — Rare. — Eté, automne.

7. **P. sepium** Yersin. — Sur les buissons et les grandes herbes. — Provence. — Assez commune. — Juillet-septembre.

8. **P. brachyptera** L. — Corps d'un brun grisâtre; partie dorsale des segments abdominaux bordée de jaune; cuisses postérieures avec une bande noire sur leur partie renflée. — Montagnes, dans le nord de la France. — Sur les bruyères et dans les clairières des bois. — Août-septembre. — Commune dans les Vosges.

9. **P. Saussureana** Frey-Gessner. — Corps d'un brun verdâtre; se tient sur les pelouses humides dans les régions élevées des montagnes : Vosges, Pyrénées. — Rare. — Août-septembre.

10. **P. Rœselii** Hagenbach (Fig. 183). — Corps d'un brun verdâtre luisant; côtés du prothorax bordés de jaune. — Prairies humides de presque toute la France, mais paraît très localisée. — Assez commune. — Juillet-septembre.

11. **P. bicolor** Philippi. — Coteaux secs et bois montueux : Vosges, Alsace, Jura, etc. — Rare. — Juillet-septembre.

58e Genre : **DECTICUS** Serville.

Prothorax plan en dessus avec des carènes bien prononcées de chaque côté.

1 { Elytres de longueur moyenne, 23-25 millimètres; ailes transparentes,
{ incolores (Fig. 184)................................. *D. verrucivorus*
{ Elytres très longues, 42-55 millimètres; ailes légèrement enfumées.. *D. albifrons*

1. **D. verrucivorus** L. (Fig. 184) — *Sauterelle à sabre* de Geoffroy. — Très variable sous le rapport de la couleur depuis le vert sombre jusqu'au brun; élytres avec deux séries de taches noires. — Commun dans les prairies du centre de la France; plus rare dans le midi. — Juillet-septembre.

2. **D. albifrons** Fabr. — Elytres beaucoup plus longues que l'abdomen. — Espèce méridionale, assez commune dans les prairies. — Juillet à octobre.

Feuille des Jeunes Naturalistes   IIIᵉ Série, 30° Année, pl. XI

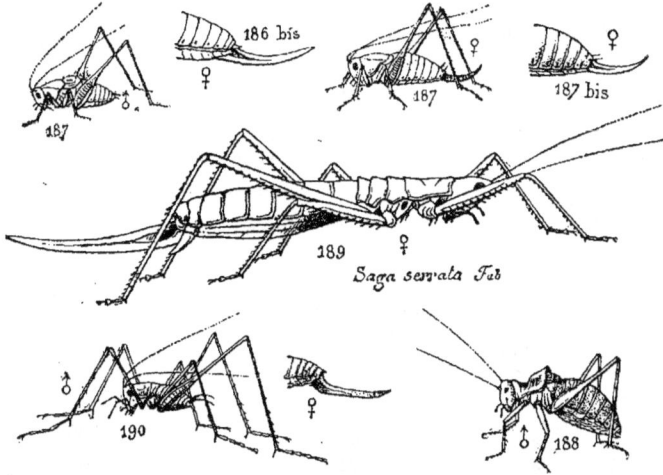

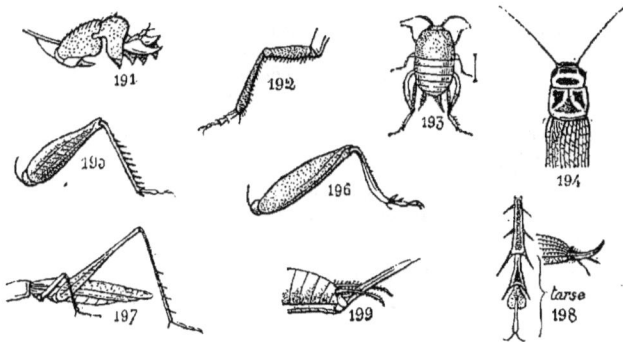

GRILLONS

ORTHOPTÈRES DE FRANCE (O. Houlbert, del.)

59° Genre : **ANTERASTES** Brünner.

Petite espèce de la région méditerranéenne.
1. **A. Raymondi** Yersin (Fig. 185). — Provence et Languedoc, sur les buissons. — Rare. — Août et septembre.

60° Genre : **THAMNOTRIZON** Fischer.

Tête grosse; front convexe; prothorax arrondi en dos d'âne sans carènes latérales; oviscapte long, à peine recourbé en dessus.

1. { Prothorax prolongé en arrière; cuisses postérieures épineuses en dessous.. *Th. Chabrieri*
Prothorax non prolongé en arrière; cuisses postérieures sans épines en dessous.. 2

2. { Bord du prothorax largement bordé de blanc...................... 3
Bord du prothorax étroitement bordé de blanc (Fig. 187).......... *Th. cinereus*

3. { Elytres des mâles de couleur paille en dessus................. *Th. apterus*
Elytres des mâles noirâtres en dessus........................... 4

4. { Taille petite, 14-18 millimètres, espèce des montagnes........... *Th. fallax*
Taille grande, 24-30 millimètres, espèce du littoral méditerranéen. *Th. femoratus*

1. **Th. Chabrieri** Charp. — Corps d'un beau vert d'herbe; oviscapte courbé, noir à sa base; taille 20-28 mill. — Dans les bois montagneux, midi de la France. — Très rare. — Eté, automne.
2. **Th. apterus** Fabr. — Pelouses sèches et bois montueux de la Provence. — Rare. — Août-septembre.
3. **Th. cinereus** L. (Fig. 187). — Corps lisse, d'un gris jaunâtre entremêlé de brun. — Au pied des haies, quelquefois sur les buissons, surtout dans les endroits humides. — Assez commune partout. — Août-septembre.
4. **Th. fallax** Fischer. — Sous les buissons dans les régions montueuses et boisées de la Provence. — Rare. — Juillet à octobre.
5. **Th. femoratus** Fieber. — Dans les lieux marécageux, sur les herbes et sous les buissons. — Provence. — Très rare. — Juin à septembre.

VI° Tribu : Ephippigéridés

Les Orthoptères de cette famille possèdent encore un facies particulier qu'ils doivent surtout à la forme de leur prothorax et à la brièveté de leurs élytres; ce sont des insectes lourds, à abdomen volumineux, grimpant sur les herbes basses et sur les buissons. La forme du prothorax qui a l'aspect d'une selle, leur a fait donner le nom de Hotteux (*porte-hotte*) dans certains départements de la France (Gâtinais, Sénonais, pays d'Othe).
Le prosternum ne porte pas de dents; l'oviscapte est long et peu courbé.
On a signalé huit espèces d'Ephippigers en France ; une seule existe jusqu'aux environs de Paris (*E. vitium*); toutes les autres sont méridionales et appartiennent pour la plupart à la faune de l'extrême midi.
Un seul genre.

61° Genre : **EPHIPPIGER** Latr.

Prothorax rugueux, brusquement relevé en arrière, arrondi en avant en forme de selle; élytres en forme d'écailles cachées presque en entier sous le prothorax.

1. E. rugosicollis Serville (Fig. 186). — Prothorax rugueux rebordé tout autour; oviscapte un peu moins long que l'abdomen, garni de fines dentelures à l'extrémité. — Espèce méridionale, se tenant sur les buissons et les arbustes (1). — Rare. — Juillet-août.

2. E. monticola Ramb. — Corps vert légèrement roussâtre; côtés rabattus du prothorax très finement chagrinés; taille 26-32 mill. — Pyrénées, sur les fougères. — Rare. — Automne.

3. E. vitium Serville (Fig. 188). — D'un vert sombre ou violacé; partie postérieure du prothorax faiblement carénée au milieu; taille 20-30 mill. — Dans les vignes; sur les ajoncs dans les landes de l'ouest. — Très commune. — Toute la France.

4. E. Cunii Boliv. — D'un roux violacé; partie postérieure du prothorax fortement carénée; taille 25-40 mill. — Pyrénées; massif du Canigou. — Très rare. — Automne.

5. E. bitterensis Marquet. — Corps jaunâtre; partie postérieure du prothorax fortement rebordée en arrière; taille 28-38 mill.; sud-ouest de la France, dans les vignes. — Rare. — Eté automne.

6. E. provincialis Yersin. — Jaune roussâtre; partie postérieure du prothorax non carénée; taille 30-46 mill. — Provence, sur les buissons et les arbustes. — Très rare. — Eté.

7. E. terrestris Yersin. — Corps d'un brun verdâtre; oviscapte grêle très faiblement courbé; taille 25-37 mill. — Provence, sur les arbrisseaux. — Rare. — Eté.

8. E. perforatus Rossi. — Corps vert ou d'un vert violacé; oviscapte très grêle, presque droit. — Pyrénées et sud-ouest de la France. — Rare. — Automne.

VIIe Tribu : **Sagidés**

Cette famille n'est représentée en France que par le seul *Saga serrata*; cet insecte est le plus grand des Orthoptères de France; sa taille atteint jusqu'à sept centimètres; la femelle seule a été bien étudiée, le mâle est extrêmement rare.

Les Sagidés sont caractérisés par leur prothorax arrondi et allongé; le prosternum est bidenté; la tête est grosse et le front est fortement incliné en avant.

(1) M. l'abbé J. Dominique a capturé deux exemplaires de ce rare insecte dans la Loire-Inférieure, au mois d'août 1892.

Elytres rudimentaires; abdomen allongé et presque cylindrique; oviscapte long très peu courbé en dessus.
Possèdent le facies de certains Phasmides.

62ᵉ Genre : SAGA Charp.

Genre très remarquable par la forme du corps; dans les espèces d'Europe les ailes et les élytres sont complètement avortées.
1. S. serrata Fabr. (Fig. 189). — Corps long de 60-67 mill. de couleur verte. Cet insecte se tient sur les buissons parmi les feuilles. — Très rare. — Provence et Languedoc. — Eté, automne.

VIIIᵉ Tribu : Sténopelmatidés

Les espèces de cette famille sont remarquables par leurs mœurs; elles vivent dans les grottes et sous les pierres; leurs jambes sont très longues et grêles.
Les trois espèces indiquées en France appartiennent à l'extrême midi.

63ᵉ Genre : DOLICHOPODA Bolivar.

Les articles des tarses, aplatis latéralement, ne sont pas creusés en gouttière en dessous; les tibias ne portent pas de trous auditifs.

$1 \begin{cases} \text{Segments du prothorax et de l'abdomen de même couleur partout.... } D.\ palpata \\ \text{Segments du prothorax et de l'abdomen bordés de jaune en arrière... } D.\ Linderi \end{cases}$

1. D. palpata Sulzer (Fig. 190). — Longueur du corps 17-22 mill.— Sous les pierres dans les grottes. — Très rare. — Midi de la France.
2. D. Linderi Dufour. — Longueur du corps 10-17 mill. — Grottes et cavernes. — Pyrénées-Orientales. — Très rare (1).

VIIᵉ Famille : GRILLONS

Les Grillons sont des Insectes qui vivent en général sous la terre, où ils se nourrissent de racines et de matières organiques diverses; sauf quelques espèces, ils sautent comme les Locustaires et les Acridiens, mais ils diffèrent essentiellement de ces deux groupes par la disposition de leurs ailes qui sont toujours horizontales et jamais en toit.
C'est aux Locustaires qu'ils paraissent se relier de la façon la plus naturelle par le groupe des Œcanthidés, mais ils s'en distinguent encore cependant très nettement par leurs tarses qui ne comprennent jamais que trois articles.
Les mâles des Grillons, comme ceux des Locustaires, font entendre un chant spécial (stridulation) qu'ils produisent par le frottement des élytres l'une contre l'autre.
Les Grillons sont répandus dans toutes les parties du monde.

(1) Une troisième espèce, très rare, D. Bormansi Brünn, a été trouvée en Corse, dans une grotte près de Bastia (Finot, Orthop., p. 128).

1 — Jambes antérieures élargies et conformées pour creuser la terre (*Gryllidés fouisseurs*), pas d'oviscapte (Fig. 191)... Gryllotalpidés VI

Jambes antérieures de forme ordinaire, non conformées pour creuser la terre (*Gryllidés sauteurs*), un oviscapte (Fig. 192)................... 2

2 — Tête cachée par le prothorax; aspect d'une blatte (Fig. 193) Myrmécophilidés IV

Tête à découvert (Fig. 194).. 3

3 — Jambes postérieures épineuses en dessus; ailes plus ou moins développées (Fig. 195)... 4

Jambes postérieures crénelées extérieurement mais non épineuses; pas d'ailes (Fig. 196)............................ Mogisoplistidés V

4 — Pattes postérieures très longues, conformées comme celle des Locustaires (Fig. 197)........................... Œcanthidés I

Pattes postérieures courtes et robustes (*Grillons vrais*) (Fig. 195)........... 5

5 — Deuxième article des tarses cordiforme; oviscapte courbé en faux (Fig. 198)...................................... Trigonididés II

Deuxième article des tarses cylindriques, oviscapte droit ou simplement recourbé à l'extrémité seulement (Fig. 195 et 199). Gryllidés III

Ire Tribu : Œcanthidés

Cette tribu est l'une des plus naturelles de tout le groupe des Grillons; les espèces qui la composent vivent sur les plantes et non dans des galeries souterraines, d'où leur nom d'Œcanthus.

Ils se distinguent par ce fait de tous les autres Grilloniens, ainsi que par leurs tarses qui sont hétéromères; ils possèdent, en effet, trois articles aux tarses antérieurs et quatre aux tarses postérieurs (3. 3. 4.). Un seul genre français.

64e Genre : ŒCANTHUS Serville.

Jambes postérieures allongées; cuisses légèrement renflées à la base comme chez les Sauterelles.

1. Œ. pelluscens Scop. (Fig. 200). — Corps d'un jaune pâle; élytres légèrement transparentes, dépassant l'abdomen de 2 à 3 mill. Oviscapte droit; taille 10-15 mill. Centre et midi de la France. Assez commune dans les endroits secs et arides sur les plantes basses (*Eryngium, Carduus, Verbascum*, etc.

Nota. — Commun sur les coteaux crayeux des environs de Sens, Paron, Subligny, etc. — Eté, automne.

IIe Tribu : Trigonididés

Cette tribu tire son nom du genre *Trigonidium*; elle est caractérisée par le dernier article des palpes maxillaires qui est tronqué à l'extrémité et dont la section droite forme un triangle.

65e Genre : TRIGONIDIUM Serville.

Deuxième article des tarses *presque globuleux*; oviscapte d'un brun roux, recourbé en dessus.

4*

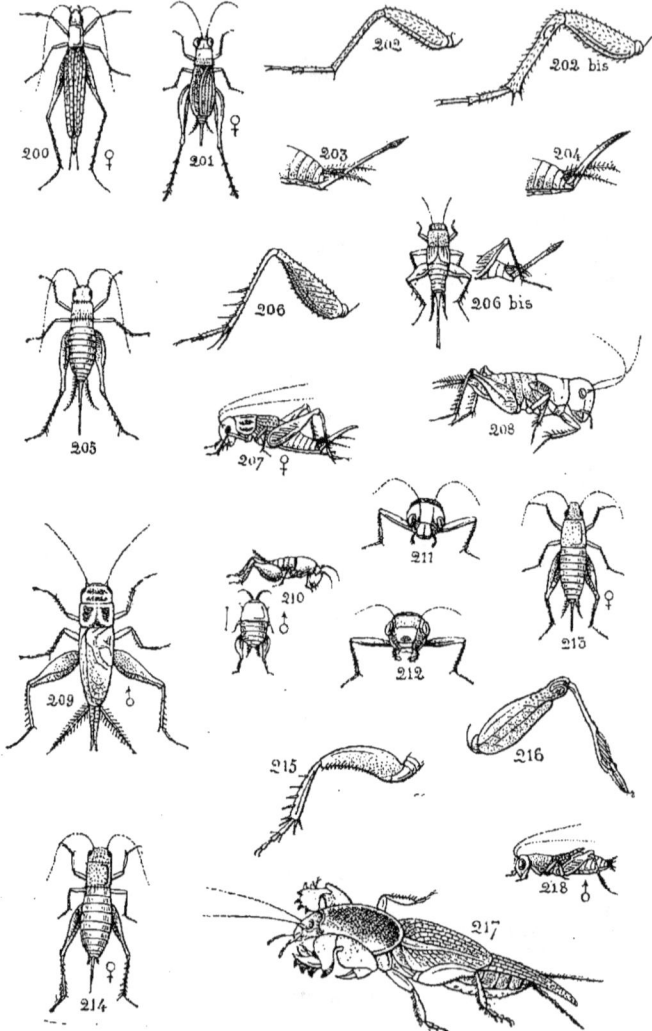

ORTHOPTÈRES DE FRANCE (C. Houlbert, del.)

1. T. cicindeloides Serv. (Fig. 201). — Corps noir luisant, ayant à peu près le facies d'une Cicindèle; taille 4-6 mill. Cette petite espèce se tient dans les endroits humides sur les herbes et principalement sur les joncs. — Rare. — Midi de la France. — Eté.

IIIᵉ Tribu : **Gryllidés**

Cette tribu est la plus riche en espèces du groupe entier; les insectes qui la composent ont des habitudes nocturnes; ils sont très timides et à la moindre alerte ils se réfugient dans leurs galeries souterraines.

1 { Elytres nulles, tibias antérieurs sans fente auditive (Fig. 202 et 203). .... GRILLOMORPHA
Elytres bien développées ou simplement raccourcies, tibias antérieurs avec une fente auditive (Fig. 202 *bis*)............................... 2

2 { Epines des tibias postérieurs longues et mobiles (Fig. 206)....... NEMOBIUS
Epines des tibias postérieurs fixes (195)............................... 3

3 { Corps fortement velu, oviscapte des femelles grêle, très droit et plus long que l'abdomen (Fig. 203)........... .... GRYLLUS
Corps presque glabre, oviscapte des femelles distinctement courbé; à peine plus long que l'abdomen (Fig. 204)................. GRYLLODES

66ᵉ Genre : **GRYLLOMORPHA** Fieber.

Tête courte et déprimée; antennes très longues; cuisses postérieures robustes; oviscapte long et presque droit.
1. G. dalmatina Ocskay (Fig. 205). — Corps d'un brun pâle; deux lignes blanchâtres en croix sur le prothorax; taille 17-19 mill. — Extrême midi de la France. — Peu commune. — Dans les vieux murs, les hangars et les vieilles habitations. — Toute l'année.

67ᵉ Genre : **GRYLLODES** de Sauss.

Caractérisé par son corps glabre et luisant; prothorax lisse; élytres transparentes de la longueur de l'abdomen; ailes nulles.
1. G. pipiens L. Duf. (Fig. 207). — Corps d'un testacé pâle; cuisses postérieures larges; premier article des tarses fortement épineux en dessus; taille 15-20 mill. — Coteaux secs et arides. — Espèce provençale très rare. — Eté.

68ᵉ Genre : **GRYLLUS** Linné.

Les Grillons sont des insectes de couleur noire ou grise; ailes pliées longitudinalement; tibias antérieurs munis de tympans auditifs sur leurs deux faces; ils volent très peu, mais ils courent avec agilité.

1 { Tête et prothorax complètement noirs................................... 2
Tête et prothorax marqués de taches et de lignes jaunâtres (Fig. 194)....... 4

2 { Tête beaucoup plus large que le prothorax (Fig. 208).......... G. *campestris*.
Tête de même largeur que le prothorax ou à peu près (Fig. 194)........... 3

3 { Taille grande 20-25 mill., élytres dépassant l'abdomen, tachées de jaune à la base.. G. *bimaculatus*.
Taille moyenne 12-17 mill., élytres plus courtes que l'abdomen.... G. *desertus*.

4 { Ailes bien développées; habite les maisons (Fig. 209).......... G. *domesticus*.
Ailes très courtes; habite les champs et les bois .. .. G. *burdigalensis*.

1. **G. campestris** L. (Fig. 208). — Corps noir lisse et luisant; ailes très courtes ; cuisses postérieures d'un rouge sanguin en dessous ; taille 20-26 mill. — Très commun partout en France, dans les terrains meubles et sablonneux; il se creuse des galeries souterraines à l'entrée desquelles il se tient généralement dans le milieu du jour. — Eté, automne.

2. **G. bimaculatus** de Geer. — Noir luisant; ailes plus longues que les élytres; base des élytres présentant deux taches jaunes; taille 23-28 mill. — Provence. — Sous les mottes de terre et les herbes desséchées dans les endroits humides. — Peu commun. — Eté.

3. **G. desertus** Pallas. — D'un noir terne, sauf la tête qui est luisante; jambes postérieures ayant cinq paires d'épines au bord externe; taille 14-17 mill. — Centre et midi de la France. — Assez commune dans les prairies et dans les champs cultivés. — Printemps et été.

4. **G. domesticus** L. (Fig. 209). — Corps d'un jaune grisâtre; élytres un peu plus courtes que l'abdomen ; ailes dépassant les élytres ; taille 16-20 mill. — Très commun partout dans les boulangeries et les vieilles habitations. — Presque toute l'année.

5. **G. burdigalensis** Lat. — Tête d'un noir luisant; le reste du corps est d'un jaune grisâtre; taille 11-14 mill. — Midi, centre de la France jusqu'à la Loire et même en Bretagne. — Assez commune; prairies sèches, champs cultivés. — Eté.

69ᵉ Genre : **NEMOBIUS** Serville.

Au lieu de vivre solitaires comme les Grillons proprement dits, les Nemobius vivent en sociétés très nombreuses ; on les rencontre en abondance dans les bois où ils sautillent à la surface du sol ; ils se cachent sous les feuilles et ne creusent probablement pas de terriers.

1 { Oviscapte très droit, plus long que les appendices abdominaux (Fig. 206 *bis*)... *N. sylvestris.*
{ Oviscapte courbé, plus court que les appendices abdominaux............. 2

2 { Oviscapte crénelé à l'extrémité............................. *N. lineolatus.*
{ Oviscapte non crénelé à l'extrémité........................ *N. Heydenii.*

1. **N. sylvestris** Fab. (Fig. 206 *bis*). — Corps noirâtre un peu luisant; antennes plus courtes que l'abdomen; taille 8-10 mill. — Excessivement commun partout dans les bois parmi les feuilles. — Eté, automne.

2. **N. Heydenii** Fisch. — D'un roux grisâtre; dessus de la tête et prothorax ayant une ligne pâle longitudinale; taille 5-6 mill. — Sud-ouest de la France; sous les pierres et les détritus, près des cours d'eau. — Rare. — Eté, automne.

3. **N. lineolatus** Brullé. — Corps brun, plus pâle en dessous; tête présentant en avant quatre lignes jaunâtres; pattes jaunâtres; taille 8-9 mill. — Sous les pierres au bord des cours d'eau. — Midi de la France. — Rare. — Eté, automne.

IVᵉ Tribu : **Myrmécophilidés**

Ces petits Grilloniens vivent sous les pierres en compagnie de diverses espèces de Fourmis; cette particularité remarquable, très rare chez les Orthoptères, a été observée pour la première fois, en 1819, par Paolo Savi.

70ᵉ Genre : **MYRMECOPHILA** Latr.

Corps court et ovoïde; ailes nulles; cuisses postérieures très épaisses; valvules supérieures de l'oviscapte plus longues que les inférieures.

1. **M. acervorum** Panz. (Fig. 210). — D'un brun ferrugineux; vit, en général, en compagnie de *Formica fusca*; taille 3-5 mill. — Centre et midi de la France. — Collines boisées et sèches, sous les pierres avec les Fourmis. — Rare. — Eté.

Vᵉ Tribu : **Mogisoplistidés**

Corps couvert de petites écailles argentées; premier article de tous les tarses beaucoup plus long que les deux autres réunis.

1 { Saillie faciale sillonnée verticalement (Fig. 211)........ ARACHNOCEPHALUS
{ Saillie faciale non sillonnée (Fig. 212)....... .... MOGISOPLISTES

71ᵉ Genre : **MOGISOPLISTES** Saussure.

Caractères de la tribu.

1 { Prothorax *plus large que long* couleur testacée................ *M. squamiger*.
{ Prothorax *plus long que large* couleur brun clair (Fig. 213)....... *M. brunneus*.

1. **M. squamiger** Fisch. — Corps d'un gris jaunâtre; taille 9-12 mill. — Provence, le long du littoral; sous les pierres et sous les détritus au bord des eaux. — Très rare. — Eté.

2. **M. brunneus** Serv. (Fig. 213). — Corps d'un brun pâle; taille 7-8 mill. Dans les bois sous les feuilles mortes. — Provence. — Très rare.

72ᵉ Genre : **ARACHNOCEPHALUS** Costa.

Corps allongé, étroit et couvert d'écailles argentées comme chez les Mogisoplistes; oviscapte droit.

1. **A. Yersini** De Sauss. (Fig. 214). — Corps d'un brun jaunâtre; taille 8-9 mill. — Sur les plantes basses et sur les buissons, dans les lieux arides et rocailleux. — Provence. — Très rare. — Eté.

VIᵉ Tribu : **Gryllotalpidés**

Les Orthoptères de cette tribu sont remarquables par la disposition de leurs pattes antérieures qui sont disposées pour creuser la terre (*Grilloniens fouisseurs*). On les rencontre dans toutes les parties du monde.

1 { Taille grande 35-50 mill., tibias postérieurs garnis d'épines en
{ dessus (Fig. 215)................................. GRYLLOTALPA
{ Taille petite 5-6 mill., tibias postérieurs garnis de lamelles en dessus
{ (Fig. 216)................................. .... TRIDACTYLUS

73ᵉ Genre : **GRYLLOTALPA** Latr.

Très connue sous les noms de Courtillière (1), de Taupe-Grillon, l'unique espèce française creuse de profondes galeries dans les terrains cultivés et cause parfois de sérieux dégâts.

(1) Du vieux français *Courtil*, jardin.

1. G. vulgaris Latr. (*La Courtillière* Geoff.) (Fig. 217). — Corps d'un brun velouté ; ailes plus longues que l'abdomen ; pas d'oviscapte ; taille 35-50 mill. — Jardins, prairies, champs cultivés, surtout dans les terrains meubles et humides. — Printemps, été.

74ᵉ Genre : **TRIDACTYLUS** Latr.

Ces insectes vivent dans le sable fin au bord des rivières, des fleuves et des lacs où ils se creusent des galeries compliquées; ils sautent avec agilité; tarses postérieurs nuls, remplacés par des digitations lamelleuses qui ne sont autre chose que les épines des tibias transformées.

1. T. variegatus Latr. (Fig. 218). — Corps d'un noir luisant avec quelques taches jaunâtres; élytres plus courtes que l'abdomen; taille 5-6 mill. — Midi de la France au bord des eaux. — Avril à juin.

A part quelques espèces extrêmement rares, nous avons fait figurer dans cette Faune, tous les Orthoptères que l'on peut espérer rencontrer en France. Comme nous l'avons déjà dit, ces Insectes sont très localisés, mais cependant, on les trouve parfois en assez grande quantité dans les endroits où ils ont élu domicile.

La faune orthoptérique de France comprend, dans son ensemble, 176 espèces environ; or, d'après M. Finot, 65 seulement ont été observées dans la région parisienne, presque toutes les autres sont méridionales, quelques-unes même appartiennent exclusivement à la bordure méditerranéenne.

Ce petit travail n'est point destiné à remplacer l'excellente Faune de France de M. Finot; sa seule prétention est de préparer les débutants à la lecture de ce savant ouvrage et de les mettre à même de classer rapidement le produit de leur chasses entomologiques.

TABLE DES MATIÈRES

Imp. Oberthür, Rennes—Paris (293-00)

DU MÊME AUTEUR

ZOOLOGIE

Les Coléoptères, chasse, conservation, etc. (Le Musée scolaire, 1891).

Quelques remarques sur l'Anthonome du Pommier (Bull. Scient. de l'Université de Rennes, 1893).

Petite faune analytique des Coléoptères français les plus communs. — P. Dupont, Paris, 1892, 1 vol. in-12, 78 p.).

Rapports naturels et phylogénie des principales familles de Coléoptères. (Bull. de l'Ass. des anc. élèves de la Fac. des Sc. de Paris, 1894).

Le Système tarsal, étude d'entomologie systématique (Miscellanea entomologica, 1895).

L'Anthonome, étude bibliographique (Bull. de la Soc. d'Hort. de Dieppe, 1895).

Genera analytique illustré des Coléoptères de France (1er fasc. Rouen, 1895 ; 2e fasc. Natural. Paris, 1899).

Les Orthoptères des environs de Sens (*Feuille des Jeunes Naturalistes*, Paris, 1900).

BOTANIQUE

Documents pour servir à l'histoire de la Botanique dans la Mayenne (Bulletin de la Soc. d'Et. sc. d'Angers, 1887).

Bryologie comparée. Étude élémentaire de l'*Atrichum undulatum* (Feuille des Jeunes Naturalistes, 1887).

Catalogue des Cryptogames cellulaires du département de la Mayenne. — Muscinées et Thallophytes (Bull. de la Soc. d'Et. scient. d'Angers, 1888).

Recherches sur le Bois secondaire des Apétales. (C. R. de l'Acad. des Sciences, avril 1892).

Sur la valeur systématique du Bois secondaire. (Ass. franç. pour l'avanc. des Sciences. — Congrès de Pau, 1892).

Principes de la Classification des Mousses (Naturaliste, n° 146, 1893).

Recherches sur la structure comparée du Bois secondaire dans les Apétales. (Ann. des Sc. nat. Paris, 1893, 1 vol. in-8°, 184 p., 8 pl. — Thèse de Doctorat).

Le Bois secondaire des Protéacées (Assoc. franç. pour l'avanc. des sciences. — Congrès de Besançon, 1893).

Les Mnium de la flore française (Naturaliste, n° 142, 1893).

Recherches sur les propriétés optiques du Bois. (Rev. génér. de Botan., Paris, t. VI, 1894).

Phylogénie des Ulmacées. (Revue génér. de Botan., Paris, 1899).

Imp. Oberthür, Rennes-Paris (205-00)